哈密尔顿系统保能量算法构造

李昊辰 李业昕 邢晓颖 编著

北京邮电大学出版社
www.buptpress.com

内 容 简 介

本书研究构造哈密尔顿系统的一般化保能量算法. 对于不同类型的哈密尔顿系统, 如常微分哈密尔顿系统、偏微分哈密尔顿系统、多项式哈密尔顿系统或非多项式哈密尔顿系统, 本书都给出了保能量数值格式的构造方法. 对于常微分哈密尔顿系统, 可以利用平均向量场算法或离散线积分算法进行求解. 对于偏微分哈密尔顿系统, 不管其是强形式还是弱形式, 都可以首先利用线方法在空间方向上对其进行半离散, 然后改写为常微分方程组, 最后应用上述时间离散算法得到全离散保能量数值格式. 本书将这些方法应用到具体问题的求解中, 并通过数值实验进行了验证.

本书逻辑清晰, 通用性强, 可以作为计算数学、计算物理等领域的科学技术人员或工程技术人员的参考书籍.

图书在版编目(CIP) 数据

哈密尔顿系统保能量算法构造 / 李昊辰, 李业昕, 邢晓颖编著. -- 北京 : 北京邮电大学出版社, 2024.

ISBN 978-7-5635-7260-1

I. O31

中国国家版本馆 CIP 数据核字第 2024N0R945 号

策划编辑: 彭 楠　　责任编辑: 彭 楠 耿 欢　　责任校对: 张会良　　封面设计: 七星博纳

出版发行: 北京邮电大学出版社

社　　址: 北京市海淀区西土城路 10 号

邮政编码: 100876

发 行 部: 电话: 010-62282185　传真: 010-62283578

E-mail: publish@bupt.edu.cn

经　　销: 各地新华书店

印　　刷: 河北虎彩印刷有限公司

开　　本: 720 mm×1 000 mm　1/16

印　　张: 8.5

字　　数: 140 千字

版　　次: 2024 年 8 月第 1 版

印　　次: 2024 年 8 月第 1 次印刷

ISBN 978-7-5635-7260-1　　　　　　　　　　　　　　　　定价: 49.00 元

前　言

近几十年来, 随着计算机科学技术的飞速发展, 人们越来越重视数值求解各种数学物理方程. 我们知道, 一切真实的、耗散可忽略不计的物理过程都可以用哈密尔顿系统进行描述, 无论它具有有限个还是无限个自由度. 哈密尔顿系统是非常重要的动力系统, 并且在生物学、药理学、物理学、天体力学、材料学等众多领域中都具有广泛应用. 对哈密尔顿系统进行正确的数值求解具有非常重要的意义, 然而在长时间计算方面, 传统 (非辛) 方法全部失效. 传统方法大多是用来求解渐进稳定系统的, 比如 Euler 方法、Runge-Kutta 方法、Adams 方法等. 这些方法除了极个别外都是非辛方法, 都含有耗散机制, 以保证计算稳定性. 而哈密尔顿系统不具有渐进稳定性, 因此用传统非辛方法对其进行求解就会人为地带入耗散性, 虚假吸引子等系统本身没有的寄生效应, 从而使得在对系统的整体结构性进行长时间的计算研究时, 得到严重失真的错误结论[1-6].

为了正确计算哈密尔顿系统, 我们要求数值方法不应该人为地引入非哈密尔顿系统本身具有的寄生效应, 造成非哈污染. 相反, 我们希望数值方法能够尽可能多地保持原系统的几何结构, 如辛几何结构、哈密尔顿能量、质量、动量、相空间体积、Lie 代数结构等. 能够保持一个或多个原系统结构的数值方法被称为保结构方法[3]. 1984 年, 我国著名数学家冯康院士在北京召开的双微会议上首次提出保持哈密尔顿系统辛结构的数值方法, 即辛算法[1]. 之后, 冯康和他的课题组对辛算法进行了广泛的研究并取得了一系列意义重大的研究成果. 所有辛算法都不含人为耗散性, 先天性地免于一切非哈污染, 均对原哈密尔顿系统具有长期稳健的跟踪能力. 与传统方法相比, 辛算法具有压倒性的长时间计算的优越性. 哈密尔顿系统辛算法引起了国内外学者的广泛关注, 成了计算数学发展中一个非常重要的里程碑 [3-4, 6-18].

哈密尔顿系统有两个最重要的结构, 一个是辛结构, 另一个就是能量守恒. 然而, 同时保持任意哈密尔顿系统辛结构和能量的数值方法是不存在的[19]. 这就要求我们在构造哈密尔顿系统保结构方法的时候, 依据求解问题的不同和实际需要在保辛和保能量之间进行取舍. 比如, 如果要求计算过程中避免非线性迭代, 可以构造系统显式或半显保辛格式; 如果求解非典则哈密尔顿系统, 构造保能量格式比构造辛格式更方便. 因此, 哈密尔顿系统保能量方法也是一个非常重要和有趣的课题.

最近三十年, 人们提出了许多保能量方法[20-24]. 1996 年, O. Gonzalez 首次提出了哈密尔顿系统的离散梯度方法[25]. 后来, T. Matsuo 提出使用离散变分导数方法求解非线性波动方程[26]. L. Brugnano 和 F. Iavernaro 提出了哈密尔顿边界值方法 [27-28]. 最近, E. Faou 在文献 [29] 中指出, 哈密尔顿系统存在保能量 B-级数方法, 而后 G. R. W. Quispel 和 D. I. McLaren 给出了一个实际存在的例子, 即平均向量场 (AVF) 方法 [20-21, 30-31]. AVF 方法不仅能够保持典则哈密尔顿系统的能量, 还可以展开成一个 B-级数, 这意味着它不仅是原系统修改系统的精确解, 还可以通过代入规则提高到更高阶. 得到哈密尔顿系统的高阶保能量方法是很有意义的. 对于非典则哈密尔顿系统, 我们可以用离散线积分方法 [32-33] 进行求解.

这几年, 作为保结构方法在实际应用中的一个重要例子, 洛伦兹力系统的保结构格式越来越受到人们的关注. 等离子体中的许多重要现象都可以由满足洛伦兹力方程的单粒子运动来理解和分析[34]. 单粒子模型中带电粒子的运动是由电磁场中洛伦兹力描述的牛顿方程刻画的, 并且是一个非典则哈密尔顿系统 [35-36]. 对电磁场中带电粒子的运动进行长时间数值模拟具有很重要的实际意义, 然而, 利用标准的四阶 Runge-Kutta 方法这样的非几何方法进行数值模拟时, 得到的数值结果会呈现出完全错误的数值轨道, 这是因为在长时间计算中, 非几何方法每一个时间层的数值误差都会累加到后一层上, 最后总的数值误差就会累加到使数值解与精确解相差非常大的程度. 相反, 利用保体积方法 [37-38]、Boris 方法[39-42] 等几何方法进行长时间数值模拟, 得到的数值轨道就能够很好地符合解析解. 不过, 这几个格式都不能精确保持系统能量. 对于哈密尔顿系统, 能量是最重要的几何结构之一, 而关于该系统的保能量方法还比较少, 所以我们希望能够构造保能量方法来对该系统进行求解.

　　构造一个高阶的保能量 B-级数方法是非常有意义的. 最近几年, 人们提出了三阶和四阶 AVF 方法[31], 但更高阶的 AVF 方法还未被人提出. 我们知道, 基于 B-级数和代入规则理论, 我们可以把一个低阶的 B-级数方法提高到高阶[3,29]. 代入规则的通式和阶小于等于 4 的树的代入规则的具体公式已经被提出了[3,43-44], 而且四阶 AVF 方法可以由四阶代入规则从二阶 AVF 方法中推导出来. 但是, 由于超过四阶的代入规则更加复杂, 还没有人给出更高阶代入规则的具体公式. 所以, 为了得到更高阶的 AVF 方法, 我们就需要先推导出更高阶代入规则的具体公式.

　　关于常微分哈密尔顿系统的理论和算法已经有很多了[3,5,7,45-46], 在将这些方法推广到偏微分哈密尔顿系统时, 保能量线方法是处理偏微分哈密尔顿系统非常有效的方法之一. 保能量线方法是指, 对于一个哈密尔顿偏微分方程, 首先对它进行空间离散, 得到一个常微分哈密尔顿方程组; 其次用一个保能量方法对这个常微分哈密尔顿系统进行求解; 最后就可以得到原偏微分哈密尔顿系统的一个保能量格式. 利用保能量线方法处理偏微分哈密尔顿方程的主要困难在于, 如何确保在空间半离散之后得到的常微分方程组还是一个哈密尔顿系统. 人们用保能量线方法处理偏微分哈密尔顿系统时, 一般采用有限差分方法[13,15]和谱配置法[8-9,47]对系统进行空间半离散, 这两种方法都是基于系统强形式的. 系统弱形式对解的光滑性的要求比强形式更低, 但是基于哈密尔顿系统弱形式的保能量线方法却很少有人研究. 因此, 对基于偏微分哈密尔顿系统弱形式的保能量线方法进行研究, 在发展保能量算法基本理论上有着非常重要的意义.

　　有限元方法和谱元法都是基于系统弱形式的重要空间离散方法. 有限元方法[48]和谱元法[49-50]都已经广泛用于求解各种问题, 如 Black-Scholes 方程[51], 非线性薛定谔方程[52-54]、Klein-Gordon 方程[55]、弹性波问题[56]、声波问题[57]、地震波问题[58]、移动边界问题[59]、不可压 Navier-Stokes 方程[60-62]、Maxwell 方程[63]、浅水波方程[64]、Helmholtz 方程[65]、P_N 中子迁移方程[66]、向量辐射传输方程[67]、捕食系统[68] 等. 无疑, 对于求解偏微分哈密尔顿系统, 我们希望找到一个合适的有限元方法或谱元法进行空间半离散, 要求得到的半离散常微分方程组仍然是一个哈密尔顿系统. 另外, 我们还希望能够将基于系统弱形式的保能量线方法应用到比较重要的偏微分哈密尔顿方程中, 从而说明该方法的有效性.

本书针对以上问题分章节进行了讨论和研究. 由于作者水平有限, 加上时间仓促, 书中难免会有一些错误和不妥之处, 衷心希望读者批评指正.

目　　录

第 1 章　预 备 知 识

本章将简单介绍常微分和偏微分哈密尔顿系统, 为后面章节的讨论做一些必要的准备. 对常微分哈密尔顿系统, 我们着重介绍平均向量场方法以及保能量守恒特性. 对偏微分哈密尔顿系统或者说无限维哈密尔顿系统, 我们给出一个经典的例子, 并介绍保结构线方法的相关知识.

1.1　常微分哈密尔顿系统及能量守恒

我们考虑哈密尔顿系统

$$\dot{z} = f(z) = S\nabla H(z), \quad z(0) = z_0, \quad z \in \mathbb{R}^n, \tag{1.1}$$

其中 S 是常系数反对称矩阵, n 为偶数, 哈密尔顿函数 $H(z)$ 是系统能量. 我们可知系统(1.1)是能量守恒的, 即 $H(z)$ 是关于时间的不变量, 满足

$$\frac{\mathrm{d}H(z(t))}{\mathrm{d}t} = \nabla H(z)^{\mathrm{T}} f(z) = \nabla H(z)^{\mathrm{T}} S\nabla H(z) = 0.$$

能量守恒是哈密尔顿系统的一个非常重要的性质, 我们希望在数值求解该系统的时候, 得到的数值格式也能保持这个特性. 因此, 哈密尔顿系统的保能量方法就非常值得研究了. 人们提出了许多保能量方法[20-24]. 1996 年, O. Gonzalez 首次提出了哈密尔顿系统的离散梯度方法[25]. 后来, T. Matsuo 提出使用离散变分导数方法求解非线性波动方程[26]. L. Brugnano 和 F. Iavernaro 提出了离散线积分方法 [32-33] 和哈密尔顿边界值方法 [27-28]. 最近, E. Faou 在文献 [29] 中指出, 系统(1.1)存在保能量 B-级数方法, 而后 G. R. W. Quispel 和 D. I. McLaren 给出了一个实际存在的例子, 即平均向量场方法 [20-21, 30-31].

1.2　AVF 方法及能量守恒特性

系统(1.1)的平均向量场 (AVF) 方法[20,31] 是

$$\frac{z_1 - z_0}{h} = \int_0^1 f(\xi z_1 + (1-\xi)z_0)\mathrm{d}\xi, \tag{1.2}$$

其中 h 是时间步长. 该方法是能量守恒的, 即哈密尔顿能量函数 H 在每一个时间层都是不变的, 满足

$$\frac{1}{h}(H(z_1) - H(z_0)) = \frac{1}{h}\int_0^1 \frac{\mathrm{d}}{\mathrm{d}\xi}H(\xi z_1 + (1-\xi)z_0)\mathrm{d}\xi$$

$$= \left(\int_0^1 \nabla H(\xi z_1 + (1-\xi)z_0)\mathrm{d}\xi\right)^{\mathrm{T}}\left(\frac{z_1 - z_0}{h}\right)$$

$$= \left(\int_0^1 \nabla H(\xi z_1 + (1-\xi)z_0)\mathrm{d}\xi\right)^{\mathrm{T}} S \int_0^1 \nabla H(\xi z_1 + (1-\xi)z_0)\mathrm{d}\xi = 0.$$

如果 H 是多项式函数, 则该方法可以精确保持系统能量. 如果 H 是非多项式的, 我们可以利用高阶数值积分计算右端的积分项, 也可以令能量误差达到机器精度.

我们定义

$$f_k^i f_j^k f^j = \sum_{k=1}^n \sum_{j=1}^n \frac{\partial f^i}{\partial z_k}(z)\frac{\partial f^k}{\partial z_j}(z)f^j(z),$$

R. I. McLachlan 和 G. R. W. Quispel 还给出了三阶和四阶 AVF 方法[31]:

$$\frac{z_1^i - z_0^i}{h} = (\delta_j^i + \alpha h^2 f_k^i(\hat{z})f_j^k(\hat{z}))\int_0^1 f^j(\xi z_1 + (1-\xi)z_0)\mathrm{d}\xi, \tag{1.3}$$

其中 α 是任意常数, δ_i^j 是 Kronecker 符号, 我们可以取 $\hat{z} = z_0$ 或 $\hat{z} = \frac{z_0 + z_1}{2}$. 若 $\alpha = 0$, 则得到二阶 AVF 方法(1.2). 若取 $\alpha = -\frac{1}{12}$ 和 $\hat{z} = z_0$, 则该方法是三阶的. 若取 $\alpha = -\frac{1}{12}$ 和 $\hat{z} = \frac{z_0 + z_1}{2}$, 则该方法是四阶的. 系统(1.3)的三阶和四阶 AVF 方法也是能量守恒的, 证明过程和二阶类似.

1.3 无限维哈密尔顿系统及线方法

我们考虑保守偏微分系统的无限维哈密尔顿形式:

$$\dot{z} = \mathcal{D}\frac{\delta \mathcal{H}(z)}{\delta z}, \quad x \in \Omega \subseteq \mathbb{R}^d, \tag{1.4}$$

其中哈密尔顿能量函数 $\mathcal{H}(z) = \int_{\mathbb{R}^d} H(x; z^{(n)})\mathrm{d}x$, $\mathrm{d}x = \mathrm{d}x_1\mathrm{d}x_2\cdots\mathrm{d}x_d$, $\mathcal{D}$ 是结构矩阵, $\frac{\delta \mathcal{H}(z)}{\delta z}$ 是变分导数, 且由变分导数定义可得, 若 $z \in \mathbb{R}$, $d = 1$, 有

$$\frac{\delta \mathcal{H}}{\delta z} = \frac{\partial H}{\partial z} - \partial_x\left(\frac{\partial H}{\partial z_x}\right) + \partial_x^2\left(\frac{\partial H}{\partial z_{xx}}\right) - \cdots,$$

若 $z \in \mathbb{R}^m$, 有

$$\frac{\delta \mathcal{H}}{\delta z} = \nabla_z H - \sum_{k=1}^{d} \partial x_k \nabla_{z_{x_k}} H + \cdots.$$

设 $z(x, t)$ 满足周期边界条件, 则系统(1.4)保持哈密尔顿能量 $\mathcal{H}$ 不变, 即

$$\begin{aligned}
\frac{\mathrm{d}}{\mathrm{d}t}\mathcal{H} &= \int_{\Omega}\left((\nabla_z H)^{\mathrm{T}}\frac{\partial z}{\partial t} + \sum_{k=1}^{d}\left((\nabla_{z_{x_k}} H)^{\mathrm{T}}\frac{\partial z_{x_k}}{\partial t}\right) + \cdots\right)\mathrm{d}x \\
&= \int_{\Omega}\left(\nabla_z H - \sum_{k=1}^{d}\partial x_k \nabla_{z_{x_k}} H + \cdots\right)^{\mathrm{T}}\frac{\partial z}{\partial t}\mathrm{d}x \\
&= \int_{\Omega}\left(\frac{\delta \mathcal{H}(z)}{\delta z}\right)^{\mathrm{T}}\mathcal{D}\frac{\delta \mathcal{H}(z)}{\delta z}\mathrm{d}x = 0.
\end{aligned}$$

与常微分哈密尔顿系统情形一样, 我们希望在数值求解偏微分无限维哈密尔顿系统时, 得到的数值格式也具有保能量守恒特性. 线方法就是一个有效的办法. 所谓线方法, 就是首先对系统进行空间半离散, 得到关于时间的常微分方程组, 然后再用时间离散方法进行求解. 把线方法应用到无限维哈密尔顿系统中, 关键要保证空间半离散之后, 所得到的常微分方程组可以组成一个新的哈密尔顿系统. 之后, 我们就可以通过构造保能量方法来保持新的哈密尔顿能量不变. 新系统的哈密尔顿能量是原哈密尔顿能量的离散. 我们称这种线方法为保结构线方法.

基于原系统的强形式的保结构线方法, 比如有限差分法 [13,15] 和谱配置方法 [8-9,47] 对系统进行空间半离散. 虽然和强形式相比, 弱形式对光滑性的要求更低, 但是很少有人考虑基于原哈密尔顿系统弱形式的保结构线方法. 因此, 用有限元或谱元方法对无限维哈密尔顿系统空间进行半离散, 得到的常微分方程组是否仍可以写为哈密尔顿系统, 是非常值得研究的问题.

1.4　非线性薛定谔方程

我们这里给出一个无限维哈密尔顿系统的重要例子. 考虑非线性薛定谔方程

$$iu_t + u_{xx} + \alpha|u|^2 u = 0, \quad x \in \Omega = [x_L, x_R], \quad t > 0 \tag{1.5}$$

其中 $i = \sqrt{-1}$, $x_R > x_L$, $\alpha > 0$ 是常参数. 薛定谔方程是孤立波理论中最重要的完全可积系统之一, 并且在水波、等离子、光脉冲等物理领域中扮演着非常重要的角色 [69-70]. 迄今为止, 人们已经提出了许多求解薛定谔方程的数值方法, 如时间分裂拟谱方法 [71-72]、有限差分方法 [6,73-74] 和有限元方法 [52-54] 等. 薛定谔方程数值格式的一些误差估计也有很多, 如时间分裂和分裂步长方法 [72,75]、隐式 Runge-Kutta 有限元方法 [52]、守恒性差分方法 [6,73].

从保结构角度来讲, 非线性薛定谔方程(1.5)是一个无限维哈密尔顿系统的模型问题. 验证偏微分哈密尔顿系统的保结构方法是否可行, 通常可以用它对薛定谔方程进行数值求解. 若该方法可以很好地求解薛定谔方程, 则其意义不仅在于得到薛定谔方程的一个新的数值格式, 还在于人们往往可以用该方法类似地求解其他哈密尔顿偏微分方程, 如 KdV 方程、Klein-Gordon 方程、BBM 方程等.

令 $u(x,t) = p(x,t) + q(x,t)i$, 非线性薛定谔方程(1.5)等价于下列形式:

$$p_t + q_{xx} + \alpha(p^2 + q^2)q = 0, \tag{1.6}$$

$$q_t - p_{xx} - \alpha(p^2 + q^2)p = 0. \tag{1.7}$$

我们考虑周期边界条件

$$p(x+L,t) = p(x,t), \quad q(x+L,t) = q(x,t), \tag{1.8}$$

其中 $L = x_R - x_L$, 以及初始条件

$$p(x,0) = p_0(x), \quad q(x,0) = q_0(x), \tag{1.9}$$

则式(1.6)~ 式(1.7)可以写为一个无限维哈密尔顿系统

$$\frac{\mathrm{d}z}{\mathrm{d}t} = S\frac{\delta H(z)}{\delta z}, \tag{1.10}$$

其中 $z = (p,q)^{\mathrm{T}}$,

$$S = \begin{pmatrix} 0 & 1 \\ -1 & 0 \end{pmatrix},$$

且哈密尔顿函数为

$$H(z) = \int_{x_L}^{x_R} \frac{1}{2}(p_x^2 + q_x^2 - \frac{\alpha}{2}(p^2 + q^2)^2)\mathrm{d}x. \tag{1.11}$$

由于非线性薛定谔方程(1.10)满足质量守恒 $M(z(t)) := \int_{x_L}^{x_R}(p^2 + q^2)\mathrm{d}x \equiv M(z(0))$ 和能量守恒 $H(z(t)) \equiv H(z(0))$, $t > 0$, 因此, 在进行空间半离散的时候, 我们希望得到的半离散系统依然具有能量守恒或质量守恒的特性.

1.5　研究内容综述

本书给出了一些重要的哈密尔顿微分方程的新的保结构算法, 为数值研究相关领域的问题提供了新的高效、稳定和长时间计算准确的数值算法. 我们主要做了如下工作.

在第 2 章, 我们首先把洛伦兹力系统写为一个非典则哈密尔顿系统, 然后利用 Boole 离散线积分方法进行求解. 在利用离散线积分方法对洛伦兹力系统进行求解时, 会产生一个积分项. 我们利用 Boole 数值积分公式对该积分项进行计算, 得到洛伦兹力系统的一个近似保能量格式. 数值结果表明, 该方法可以保持系统哈密尔顿能量达到机器精度.

在第 3 章, 我们分别利用二、三和四阶 AVF 方法求解哈密尔顿偏微分方程. 以非线性薛定谔 (NLS) 方程为例, 在空间方向上, 用 Fourier 拟谱方法对该系统

进行半离散, 得到一个半离散哈密尔顿系统, 再分别用三个 AVF 方法对这个系统进行求解. 这样就得到了 NLS 方程三个不同的 AVF 格式. 数值实验验证了这三个 AVF 方法的精度阶和能量守恒特性.

在第 4 章, 我们给出了阶等于 5 的树代入规则的具体公式. 基于新得到的代入规则及 B-级数理论, 我们把二阶 AVF 方法提高到了 6 阶精度. 这种把一个低阶 B-级数积分子提高到高阶的方法, 同样可以很容易地应用到其他 B-级数方法中. 我们证明了新得到的方法具有 6 阶精度, 并且可以保持哈密尔顿系统能量, 该方法称为六阶 AVF 方法. 我们利用六阶 AVF 方法求解非线性哈密尔顿系统, 并验证了其精度阶和能量守恒特性.

在第 5 章, 我们给出了非线性薛定谔方程的平均向量场谱元法. 这种方法的主要思想是首先把薛定谔方程改写为一个无限维哈密尔顿系统, 其次基于系统弱形式, 在空间方向上, 用勒让德谱元法对该系统进行半离散, 最后用平均向量场方法求解新得到的半离散系统. 我们发现, 用勒让德谱元法这样的一个基于系统弱形式的方法对哈密尔顿偏微分方程进行空间半离散, 得到的半离散系统仍然可以写成一个哈密尔顿常微分方程组的形式. 而对于薛定谔方程, 它在经过上述半离散过程后变成了半离散系统, 我们把这个半离散系统写成了典则哈密尔顿常微分方程组的形式, 并且该系统的结构矩阵是稀疏的. 对半离散系统再用 AVF 方法进行离散, 得到的全离散格式是保能量的、无条件线性稳定的和对称的. 利用 cut-off 技巧, 我们推导了这个新格式的误差估计, 并证明该格式在网格比限制条件 $\frac{N^2}{\Delta x}\Delta t^4 \leqslant C$ 下是收敛的, 且收敛阶在离散的 L^2 范数意义下为 $\mathcal{O}(\Delta t^2 + \Delta x^{\min(N,r)}N^{-r})$, 其中 r 为精确解的光滑性 $u \in H^r$, N 为勒让德基本基函数的阶. 我们利用数值实验验证了上述结论.

在第 6 章, 我们给出了非线性薛定谔方程的 Crank-Nicolson Galerkin 方法. 这种方法的主要过程是首先把薛定谔方程改写为一个无限维哈密尔顿系统, 其次在空间上用一个有限元方法对这个系统进行半离散, 最后用 Crank-Nicolson 方法离散新得到的半离散系统, 从而得到薛定谔方程的一个新的保能量格式. 我们推导了新格式的误差估计, 并证明了新格式是收敛的, 且收敛阶在离散的 L^2 范数意义下为 $\mathcal{O}(\tau^2 + h^2)$. 这个误差估计并不需要网格比限制. 我们利用数值实验验证了新格式的守恒特性和收敛阶.

在第 7 章, 我们给出了二维非线性薛定谔方程的 Crank-Nicolson Galerkin 谱元法. 这种方法的主要过程是首先把二维薛定谔方程改写为一个无限维哈密尔顿系统, 其次在空间上用 Galerkin 谱元法对这个系统进行半离散, 最后用 Crank-Nicolson 方法离散新得到的半离散系统, 从而得到二维薛定谔方程的一个新的保能量格式. 我们推导了新格式的误差估计, 并证明了新格式是收敛的, 且收敛阶在离散的 L^2 范数意义下为 $\mathcal{O}(\tau^2 + h^2)$. 这个误差估计也不需要网格比限制. 我们利用数值实验验证了新格式的守恒特性和收敛阶.

第 2 章 洛伦兹力系统的离散线积分方法

在长时间数值模拟哈密尔顿系统的时候, 与传统方法相比, 保结构方法具有压倒性的计算优越性. 当求解系统是非典则哈密尔顿系统时, 利用辛算法对其求解往往需要进行 Darboux 变换, 通常这是不容易的. 和辛算法不同, 即使求解非典则哈密尔顿系统, 比如洛伦兹力系统, 我们依然可以直接构造系统能量守恒格式. 在本章中, 我们首先把洛伦兹力系统写为一个非典则的哈密尔顿系统, 然后利用 Boole 离散线积分 (BDLI) 方法进行求解, 从而得到洛伦兹力系统的一个新的能量守恒格式. 这个新的格式是一个对称方法, 并且每个时间层的能量误差都可以达到机器精度[76].

2.1 洛伦兹力系统的哈密尔顿形式

在本节, 我们先把洛伦兹力系统写成哈密尔顿形式[35-37]. 电磁场中的带电粒子的动力系统是由下述牛顿-洛伦兹方程刻画的:

$$m\ddot{\boldsymbol{x}} = q(\boldsymbol{E} + \dot{\boldsymbol{x}} \times \boldsymbol{B}), \quad x \in \mathbb{R}^3, \tag{2.1}$$

其中 $\boldsymbol{x}$ 是带电粒子的位置, m 是质量, q 是电荷. 为了简便, 我们假定磁场 $\boldsymbol{B}$ 和电场 $\boldsymbol{E}$ 都是静态的, 即给定 $\boldsymbol{B} = \nabla \times \boldsymbol{A}$ 和 $\boldsymbol{E} = -\nabla\varphi$, 而 $\boldsymbol{A}$ 和 φ 是电势.

对式(2.1)作变换 $G : (\boldsymbol{x}, \boldsymbol{p}) \longrightarrow (\boldsymbol{x}, \boldsymbol{v}), \boldsymbol{x} = \boldsymbol{x}, \boldsymbol{v} = \boldsymbol{p}/m - q\boldsymbol{A}(\boldsymbol{x})/m$, 我们可以得到

$$\dot{\boldsymbol{x}} = \boldsymbol{v}, \tag{2.2}$$

$$\dot{\boldsymbol{v}} = \frac{q}{m}(\boldsymbol{E}(\boldsymbol{x}) + \boldsymbol{v} \times \boldsymbol{B}(\boldsymbol{x})). \tag{2.3}$$

记 $\boldsymbol{z} = [\boldsymbol{x}^{\mathrm{T}}, \boldsymbol{v}^{\mathrm{T}}]^{\mathrm{T}}$. 式(2.2)～ 式(2.3)可以写成一个非典则哈密尔顿系统

$$\dot{\boldsymbol{z}} = f(\boldsymbol{z}) = K(\boldsymbol{z})\nabla H(\boldsymbol{z}), \tag{2.4}$$

其中哈密尔顿函数为 $H(\boldsymbol{z}) = m\boldsymbol{v} \cdot \boldsymbol{v}/2 + q\varphi(\boldsymbol{x})$, 且

$$
K(\boldsymbol{z}) = \begin{pmatrix} 0 & \dfrac{1}{m}I \\[3mm] -\dfrac{1}{m}I & \dfrac{q}{m^2}\hat{\boldsymbol{B}}(\boldsymbol{x}) \end{pmatrix}
$$

是反对称矩阵, 且有 $\boldsymbol{B}(\boldsymbol{x}) = [B_1(\boldsymbol{x}), B_2(\boldsymbol{x}), B_3(\boldsymbol{x})]^{\mathrm{T}}$ 和

$$
\hat{\boldsymbol{B}}(\boldsymbol{x}) = \begin{pmatrix} 0 & B_3(\boldsymbol{x}) & -B_2(\boldsymbol{x}) \\[2mm] -B_3(\boldsymbol{x}) & 0 & B_1(\boldsymbol{x}) \\[2mm] B_2(\boldsymbol{x}) & -B_1(\boldsymbol{x}) & 0 \end{pmatrix}.
$$

2.2　Boole 离散线积分方法

众所周知, 系统(2.4)精确保持哈密尔顿能量 $H(\boldsymbol{z})$. 在本节中, 我们利用 BDLI 方法 [32-33] 对该系统进行求解, 并得到一个新的保能量格式. 由初值 $\boldsymbol{z}_0$, 我们想要得到 $t = h$ 处的数值解 $\boldsymbol{z}_1$, 使得其哈密尔顿能量不变. 考虑最简单的连接 $\boldsymbol{z}_0$ 和 $\boldsymbol{z}_1$ 的路径

$$
\sigma(ch) = c\boldsymbol{z}_1 + (1 - c)\boldsymbol{z}_0, \quad c \in [0, 1], \tag{2.5}
$$

我们得到

$$
\frac{1}{h}(H(\boldsymbol{z}_1) - H(\boldsymbol{z}_0)) = \frac{1}{h}(H(\sigma(h)) - H(\sigma(0))) \tag{2.6}
$$

$$
= \frac{1}{h}\int_0^h \nabla H(\sigma(t))^{\mathrm{T}}\sigma'(t)\mathrm{d}t
$$

$$
= \int_0^1 \nabla H(\sigma(ch))^{\mathrm{T}}\sigma'(ch)\mathrm{d}c
$$

$$
= \frac{1}{h}\int_0^1 \nabla H(c\boldsymbol{z}_1 + (1 - c)\boldsymbol{z}_0)^{\mathrm{T}}(\boldsymbol{z}_1 - \boldsymbol{z}_0)\mathrm{d}c
$$

$$
= \left[\int_0^1 \nabla H(c\boldsymbol{z}_1 + (1 - c)\boldsymbol{z}_0)\mathrm{d}c\right]^{\mathrm{T}} \frac{\boldsymbol{z}_1 - \boldsymbol{z}_0}{h} = 0,
$$

即只需要求

$$\frac{z_1 - z_0}{h} = K(\hat{z}) \int_0^1 \nabla H(cz_1 + (1-c)z_0)\mathrm{d}c, \tag{2.7}$$

其中, 本章我们选择 $\hat{z} = \dfrac{z_1 + z_0}{2}$. 由于 $K\left(\dfrac{z_1 + z_0}{2}\right)$ 是反对称的, 我们有

$$\left[\int_0^1 \nabla H(cz_1 + (1-c)z_0)\mathrm{d}c\right]^{\mathrm{T}} \frac{z_1 - z_0}{h}$$

$$= \left[\int_0^1 \nabla H(cz_1 + (1-c)z_0)\mathrm{d}c\right]^{\mathrm{T}} K\left(\frac{z_1 + z_0}{2}\right) \left[\int_0^1 \nabla H(cz_1 + (1-c)z_0)\mathrm{d}c\right]$$

$$= 0. \tag{2.8}$$

我们利用数值积分计算式(2.7)右边的积分项. 在本章, 考虑到计算效率的问题, 我们选择使用 Boole 公式. 之后我们可以得到系统(2.4)的 BDLI 格式:

$$z_1 = z_0 + \frac{h}{90} K\left(\frac{z_0 + z_1}{2}\right) \left(7\nabla H(z_0) + 32\nabla H\left(\frac{3z_0 + z_1}{4}\right) + \right.$$

$$\left. 12\nabla H\left(\frac{z_0 + z_1}{2}\right) + 32\nabla H\left(\frac{z_0 + 3z_1}{4}\right) + 7\nabla H(z_1)\right). \tag{2.9}$$

显然该格式是对称的, 具有二阶精度. 若 H 是阶小于等于 4 的多项式哈密尔顿函数, 则格式(2.9)是精确保能量的. 事实上, 我们也可以使用其他的求积公式计算, 如梯形法则、辛普森公式等. 我们知道, 对于非多项式哈密尔顿函数, 只要采用精度足够高的求积公式, 计算出来的能量误差就可以达到机器误差, 也就是达到能量守恒[33]. 但是考虑到精度越高的求积公式计算量也越大, 所以我们要在保证能量误差达到机器误差的前提下, 选用计算量最少的求积公式. 通过后面的数值实验可以知道, 对于非多项式哈密尔顿函数, 利用 Boole 公式就可以使得能量误差达到 10^{-15} 的程度. 因此, 对于洛伦兹力系统, 我们采用 Boole 公式是非常合理的.

2.3 数 值 实 验

在本节, 我们利用 BDLI 格式(2.9)对洛伦兹力系统进行数值模拟.

2.3.1　数值实验 1：静态电磁场中的二维动力系统

首先, 我们考虑一个非多项式哈密尔顿函数的情形, 即在静态不均匀电磁场中的二维带电粒子动力系统. 我们取磁场和电场分别为

$$\boldsymbol{B} = \nabla \times \boldsymbol{A} = R e_z, \quad \boldsymbol{E} = -\nabla \varphi = \frac{10^{-2}}{R^3}(x e_x + y e_y), \tag{2.10}$$

其中电势取 $A = \dfrac{R^2}{3} R e_\xi$ 和 $\varphi = \dfrac{10^{-2}}{R}$, 并且考虑柱坐标 (R, ξ, z), $R = \sqrt{x^2 + y^2}$. 我们对各个物理量都进行系统归一化, 即取 $m = 1$, $q = 1$. 我们知道, 能量

$$H = \frac{1}{2}\boldsymbol{v} \cdot \boldsymbol{v} + \frac{10^{-2}}{R}, \tag{2.11}$$

角动量

$$p_\xi = R^2 \dot{\xi} + \frac{R^3}{3}, \quad \dot{\xi} = \frac{x\dot{y} - y\dot{x}}{R^2}, \tag{2.12}$$

以及磁动量 $\mu = \dfrac{\boldsymbol{v}_\perp^2}{2R}$ 都是不变量, 其中 $\boldsymbol{v}_\perp$ 是 $\boldsymbol{v}$ 垂直于 $\boldsymbol{B}$ 的分量.

我们取初始位置为 $\boldsymbol{x}_0 = [0, 0.1, 0]^T$, 初始速度为 $\boldsymbol{v}_0 = [0.1, 0.01, 0]^T$, 带电粒子的轨道是一个半径不变的螺旋圈. 另外, 我们还用经典的 Boris 算法与 BDLI 格式进行了比较.

我们先用 Boris 算法进行计算, 步长取 $h = \pi/10$, 数值结果见图 2.1. 图 2.1(a)

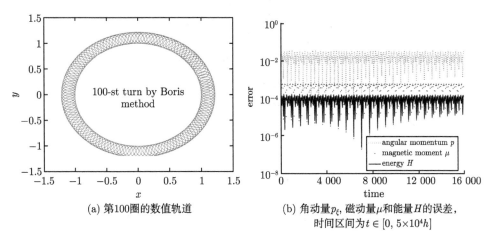

(a) 第100圈的数值轨道

(b) 角动量 p_ξ, 磁动量 μ 和能量 H 的误差, 时间区间为 $t \in [0, 5 \times 10^4 h]$

图 2.1　用 Boris 算法对二维动力系统进行求解, 步长取 $h = \pi/10$

表示 Boris 算法计算的在第 100 圈的数值轨道. 由图 2.1(b), 我们可以看到在区间 $t \in [0, 5 \times 10^4 h]$ 中, 角动量 p_ξ, 磁动量 μ 和能量 H 的误差.

我们再取同样的步长来测试 BDLI 格式, 得到的数值结果见图 2.2. 图 2.1(a) 表示 Boris 算法计算的在第 100 圈的数值轨道. 图 2.1(b) 表示在区间 $t \in [0, 5 \times 10^4 h]$ 中, 各个不变量的误差. 我们可以看出, 角动量 p_ξ 和磁动量 μ 的误差在长时间计算中保持有界. 而对于能量, BDLI 格式可以保持到机器误差[77], 能够比 Boris 算法更好地保持系统能量.

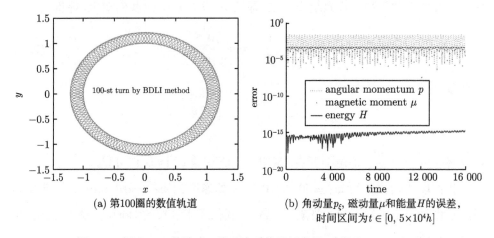

(a) 第100圈的数值轨道

(b) 角动量 p_ξ, 磁动量 μ 和能量 H 的误差, 时间区间为 $t \in [0, 5 \times 10^4 h]$

图 2.2　用 BDLI 算法对二维动力系统进行求解, 步长取 $h = \pi/10$

2.3.2　数值实验 2: 轴对称托卡马克装置中的二维动力系统

然后, 我们考虑一个多项式哈密尔顿函数的情形, 即无感应电场的轴对称托卡马克装置中二维动力系统的带电粒子运动. 环坐标 (r, θ, ξ) 下的磁场为

$$\boldsymbol{B} = \frac{B_0 r}{qR} \boldsymbol{e}_\theta + \frac{B_0 R_0}{R} \boldsymbol{e}_\xi, \tag{2.13}$$

其中 $B_0 = 1, R_0 = 1, q = 2, m = 1$. 取相应的电势 $\boldsymbol{A}$ 为

$$\boldsymbol{A} = \frac{z}{2R} \boldsymbol{e}_R + \frac{(1-R)^2 + z^2}{4R} \boldsymbol{e}_\xi + \frac{\ln R}{2} \boldsymbol{e}_z. \tag{2.14}$$

由于没有电场, 所以系统能量 $H = \frac{1}{2}\boldsymbol{v} \cdot \boldsymbol{v}$ 是一个多项式哈密尔顿函数. 在这个例子中, 投影到 (R, z) 上的解构成一个封闭轨道.

为了应用数值格式计算, 我们把式 (2.13)变换为直角坐标 (x, y, z), 即

$$\boldsymbol{B} = -\frac{2y + xz}{2R^2}\boldsymbol{e}_x + \frac{2x - yz}{2R^2}\boldsymbol{e}_y + \frac{R - 1}{2R}\boldsymbol{e}_y. \tag{2.15}$$

我们取初始位置为 $\boldsymbol{x}_0 = [1.05, 0, 0]^{\mathrm{T}}$, 初始速度为 $\boldsymbol{v}_0 = [0, 4.816 \times 10^{-4}, 2.059 \times 10^{-3}]^{\mathrm{T}}$, 则得到的解投影到 (R, z) 上的轨道是一个香蕉形轨道. 若初始速度改为 $\boldsymbol{v}_0 = [0, 2 \times 4.816 \times 10^{-4}, 2.059 \times 10^{-3}]^{\mathrm{T}}$, 则得到的轨道是环形轨道. 我们取步长为 $h = \pi/10$, 用 BDLI 格式进行长时间计算, 计算 5×10^4 个步长, 结果见图 2.3. 图 2.3(a) 表示香蕉解, 图 2.3(b) 表示环形解, 图 2.3(c) 表示系统能量误差. 我们看到, 能量误差达到 10^{-18}. 上述实验显示了利用 BDLI 格式求解静态电磁场中洛伦兹力系统的数值优越性.

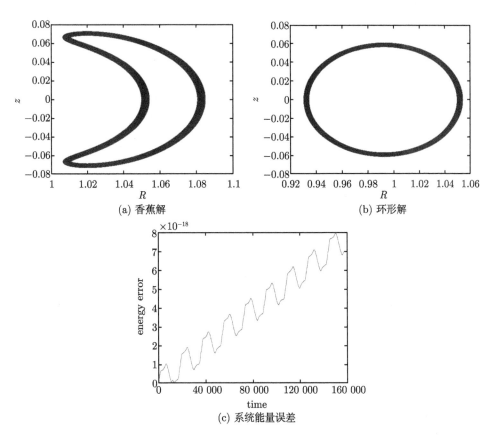

(a) 香蕉解　　　　　　　　　　　(b) 环形解

(c) 系统能量误差

图 2.3　托卡马克装置中 BDLI 格式的数值结果, 取步长 $h = \pi/10$, 区间为 $t \in [0, 5 \times 10^5 h]$

2.4 结 论

在这一章, 我们把洛伦兹力系统在坐标 (x, v) 下写成一个非典则哈密尔顿系统, 并用 BDLI 格式对其进行求解. 计算结果表明, 对于多项式哈密尔顿函数的情形, 该方法可以精确保持系统能量, 而对于非多项式的情形, 该方法也可以使能量误差达到舍入误差. 由于能量守恒, 该方法在长时间计算中具有很好的数值行为.

第 3 章　非线性薛定谔方程的二、三和四阶 AVF 方法

在本章, 我们考虑哈密尔顿偏微分方程二阶、三阶和四阶保能量方法的构造. 我们知道, 利用保结构线方法, 我们可以先用有限差分法或谱配置方法对哈密尔顿偏微分方程进行空间半离散, 这样就可以得到一个关于时间的哈密尔顿常微分方程组. 这个做法在许多文献中都有描述, 应用十分广泛 [8-9,13,15,47]. 之后, 我们就可以分别利用二阶、三阶和四阶保能量方法对这个半离散的哈密尔顿常微分方程组进行求解.

以非线性薛定谔方程为例, 我们首先在空间方向上用 Fourier 拟谱方法进行离散, 然后在时间方向上分别用二阶、三阶和四阶 AVF 方法(1.3)进行求解, 这样就可以得到非线性薛定谔方程的二阶、三阶和四阶保能量格式.

3.1　非线性薛定谔方程的 Fourier 拟谱方法

下面我们用 Fourier 拟谱方法对非线性薛定谔方程(1.6)~(1.7)进行空间离散 [9]. 我们令 $L = x_R - x_L$. 我们取 Ω 的 N 个配置点为 $x_j = x_L + \dfrac{L}{N}j$, $j = 0, 1, \cdots$, $N - 1$, 其中 N 为偶数. 定义插值空间为 $S_N = \mathrm{span}\{g_j(x); j = 0, 1, \cdots, N - 1\}$, 其中插值基函数为

$$g_j(x) = \frac{1}{N} \sum_{l=-N/2}^{N/2} \frac{1}{c_l} \mathrm{e}^{il\mu(x-x_j)}, \tag{3.1}$$

其中 $c_l = 1(|l| \neq N/2)$, $c_{-N/2} = c_{N/2} = 2$, $\mu = \dfrac{2\pi}{L}$. 我们用插值函数

$$I_N u(x,t) = \sum_{j=0}^{N-1} u_j(t) g_j(x)$$

来逼近原函数 $u(x,t)$, 其中 $u_j(t) = u(x_j,t)$, 且基函数具有插值性, 即 $g_j(x_k) = \delta_j^k$. 我们可以得到插值函数关于 x 的二阶偏导

$$\frac{\partial^2}{\partial x^2} I_N u(x)|_{x=x_j} = (D_2 u)_j, \tag{3.2}$$

其中二阶 Fourier 拟谱微分矩阵为

$$(D_2)_{m,n} = \begin{cases} \dfrac{1}{2}\mu^2 (-1)^{m+n+1} \dfrac{1}{\sin^2\left(\mu\dfrac{x_m - x_n}{2}\right)}, & n \neq m, \\ -\mu^2 \dfrac{N^2+2}{12}, & n = m, \end{cases} \tag{3.3}$$

其中 $m, n = 0, 1, \cdots, N-1$.

我们在式(1.6)～ 式(1.7)中分别用插值函数 $I_N p(x,t)$ 和 $I_N q(x,t)$ 来逼近 $p(x,t)$ 和 $q(x,t)$, 插值点取 x_j, $j = 0, 1, \cdots, N-1$, 可得系统

$$((I_N p(x,t))_t + (I_N q(x,t))_{xx} +$$

$$\alpha((I_N p(x,t))^2 + (I_N q(x,t))^2)(I_N q(x,t)))|_{x=x_j} = 0, \tag{3.4}$$

$$((I_N q(x,t))_t - (I_N p(x,t))_{xx} -$$

$$\alpha((I_N p(x,t))^2 + (I_N q(x,t))^2)(I_N p(x,t)))|_{x=x_j} = 0. \tag{3.5}$$

我们令 p_j 为 $p(x_j,t)$ 的逼近, 并记 $p = (p_0, p_1, \cdots, p_{N-1})^{\mathrm{T}}$, 用同样方式定义 q_j 和 q. 利用 Fourier 微分矩阵 D_2, 可将系统(3.4)～(3.5)改写为

$$\frac{\mathrm{d}}{\mathrm{d}t} p_j = -(D_2 Q)_j - \alpha(p_j^2 + q_j^2)q_j, \tag{3.6}$$

$$\frac{\mathrm{d}}{\mathrm{d}t} q_j = (D_2 P)_j + \alpha(p_j^2 + q_j^2)p_j, \tag{3.7}$$

其中 $j = 0, 1, \cdots, N-1$, $P = (p_0, p_1, \cdots, p_{N-1})^{\mathrm{T}}$, $Q = (q_0, q_1, \cdots, q_{N-1})^{\mathrm{T}}$, 且 D_2 是二阶 Fourier 拟谱微分矩阵.

非线性薛定谔方程的 Fourier 拟谱半离散方程组(3.6)～(3.7)可改写为典则哈密尔顿系统

$$\frac{\mathrm{d}}{\mathrm{d}t} Z = f(Z) = J_N \nabla_Z H(Z), \tag{3.8}$$

其中 $Z = (p_0, p_1, \cdots, p_{N-1}, q_0, q_1, \cdots, q_{N-1})^{\mathrm{T}}$, $J_N = \begin{pmatrix} 0 & -I_{N \times N} \\ I_{N \times N} & 0 \end{pmatrix}$, 并且

离散的哈密尔顿函数为

$$H(P, Q) = \frac{1}{2}[P^{\mathrm{T}} D_2 P + Q^{\mathrm{T}} D_2 Q] + \frac{\alpha}{4} \sum_{i=0}^{N-1} ((p_i)^2 + (q_i)^2)^2. \tag{3.9}$$

3.2　非线性薛定谔方程的三个 AVF 方法

3.2.1　非线性薛定谔方程的二阶 AVF 方法

系统(3.8)的二阶 AVF 方法为

$$\frac{Z^{j+1} - Z^j}{h} = J_N \int_0^1 \nabla H((1-\xi)Z^j + \xi Z^{j+1}) \mathrm{d}\xi, \tag{3.10}$$

其中 $Z^j = (P^j, Q^j)^{\mathrm{T}}$. 式(3.10)可以改写为

$$\frac{p_i^{j+1} - p_i^j}{h} = -\int_0^1 (D_2((1-\xi)Q^j + \xi Q^{j+1}))_i + \alpha[((1-\xi)p_i^j + \xi p_i^{j+1})^2 +$$
$$((1-\xi)q_i^j + \xi q_i^{j+1})^2]((1-\xi)q_i^j + \xi q_i^{j+1})\mathrm{d}\xi, \tag{3.11}$$

$$-\frac{q_i^{j+1} - q_i^j}{h} = -\int_0^1 (D_2((1-\xi)P^j + \xi P^{j+1}))_i + \alpha[((1-\xi)p_i^j + \xi p_i^{j+1})^2 +$$
$$((1-\xi)q_i^j + \xi q_i^{j+1})^2]((1-\xi)p_i^j + \xi p_i^{j+1})\mathrm{d}\xi. \tag{3.12}$$

计算式(3.11)∼ 式(3.12)中的积分项, 我们可以得到非线性薛定谔方程的二阶 AVF 方法:

$$\frac{p_i^{j+1} - p_i^j}{h} + \left(D_2 \left(\frac{Q^j + Q^{j+1}}{2} \right) \right)_i$$

$$= -\alpha \Big[((p_i^j)^2 + \frac{1}{3}(p_i^{j+1} - p_i^j)^2 + p_i^j(p_i^{j+1} - p_i^j))q_i^j +$$

$$\left(\frac{1}{2}(p_i^j)^2 + \frac{1}{4}(p_i^{j+1} - p_i^j)^2 + \frac{2}{3}p_i^j(p_i^{j+1} - p_i^j) \right)(q_i^{j+1} - q_i^j) +$$

$$\left((q_i^j)^2 + \frac{1}{3}(q_i^{j+1} - q_i^j)^2 + q_i^j(q_i^{j+1} - q_i^j) \right)q_i^j +$$

$$\left(\frac{1}{2}(q_i^j)^2 + \frac{1}{4}(q_i^{j+1} - q_i^j)^2 + \frac{2}{3}q_i^j(q_i^{j+1} - q_i^j)\right)(q_i^{j+1} - q_i^j)\right], \qquad (3.13)$$

$$-\frac{q_i^{j+1} - q_i^j}{h} + \left(D_2\left(\frac{P^j + P^{j+1}}{2}\right)\right)_i$$

$$= -\alpha\left[\left((p_i^j)^2 + \frac{1}{3}(p_i^{j+1} - p_i^j)^2 + p_i^j(p_i^{j+1} - p_i^j)\right)p_i^j + \right.$$

$$\left(\frac{1}{2}(p_i^j)^2 + \frac{1}{4}(p_i^{j+1} - p_i^j)^2 + \frac{2}{3}p_i^j(p_i^{j+1} - p_i^j)\right)(p_i^{j+1} - p_i^j) + $$

$$\left((q_i^j)^2 + \frac{1}{3}(q_i^{j+1} - q_i^j)^2 + q_i^j(q_i^{j+1} - q_i^j)\right)p_i^j + $$

$$\left.\left(\frac{1}{2}(q_i^j)^2 + \frac{1}{4}(q_i^{j+1} - q_i^j)^2 + \frac{2}{3}q_i^j(q_i^{j+1} - q_i^j)\right)(p_i^{j+1} - p_i^j)\right], \qquad (3.14)$$

其中 $i = 0, 1, \cdots, N - 1$.

3.2.2 非线性薛定谔方程的三阶 AVF 方法

系统(3.8)的三阶 AVF 方法为

$$\frac{Z_i^{j+1} - Z_i^j}{h} = \left(\delta_l^i - \frac{h^2}{12}f_k^i(Z^j)f_l^k(Z^j)\right)\int_0^1 f^l((1-\xi)Z^j + \xi Z^{j+1})\mathrm{d}\xi, \qquad (3.15)$$

其中 $i = 0, 1, \cdots, N - 1, Z_i^j = (P_i^j, Q_i^j)^{\mathrm{T}}$. 式 (3.15) 可以改写为

$$\frac{Z^{j+1} - Z^j}{h} = \left(I - \frac{1}{12}\left(\frac{\partial f}{\partial Z}(Z^j)\right)^2\right)\int_0^1 f((1-\xi)Z^j + \xi Z^{j+1})\mathrm{d}\xi, \qquad (3.16)$$

其中

$$\frac{\partial f}{\partial Z}(Z^j) = \begin{pmatrix} A(Z^j) & B(Z^j) - D_2 \\ C(Z^j) + D_2 & A(Z^j) \end{pmatrix},$$

并且有

$$(A(Z^j))_{ii} = -2\alpha p_i^j q_i^j,$$

$$(B(Z^j))_{ii} = -\alpha((p_i^j)^2 + 3(q_i^j)^2),$$

$$(C(Z^j))_{ii} = -\alpha(3(p_i^j)^2 + (q_i^j)^2),$$

$$(A(Z^j))_{ik} = (B(Z^j))_{ik} = (C(Z^j))_{ik} = 0,$$

其中: $i \neq k; i, k = 0, 1, \cdots, N-1$.

3.2.3　非线性薛定谔方程的四阶 AVF 方法

系统(3.8)的四阶 AVF 方法为

$$\frac{Z_i^{j+1} - Z_i^j}{h} = \left(\delta_l^i - \frac{h^2}{12} f_k^i \left(\frac{Z^j + Z^{j+1}}{2}\right) f_l^k \left(\frac{Z^j + Z^{j+1}}{2}\right)\right) \cdot$$

$$\int_0^1 f^l((1-\xi)Z^j + \xi Z^{j+1})\mathrm{d}\xi, \tag{3.17}$$

其中 $i = 0, 1, \cdots, N-1$. 式 (3.17) 可改写为

$$\frac{Z^{j+1} - Z^j}{h} = \left(I - \frac{1}{12}\left(\frac{\partial f}{\partial Z}\left(\frac{Z^j + Z^{j+1}}{2}\right)\right)^2\right)\int_0^1 f((1-\xi)Z^j + \xi Z^{j+1})\mathrm{d}\xi, \tag{3.18}$$

其中

$$\frac{\partial f}{\partial Z}\left(\frac{Z^j + Z^{j+1}}{2}\right) = \begin{pmatrix} A\left(\dfrac{Z^j + Z^{j+1}}{2}\right) & B\left(\dfrac{Z^j + Z^{j+1}}{2}\right) - D_2 \\ C\left(\dfrac{Z^j + Z^{j+1}}{2}\right) + D_2 & A\left(\dfrac{Z^j + Z^{j+1}}{2}\right) \end{pmatrix},$$

并且有

$$\left(A\left(\frac{Z^j + Z^{j+1}}{2}\right)\right)_{ii} = -2\alpha\left(\frac{p_i^j + p_i^{j+1}}{2}\right)\left(\frac{q_i^j + q_i^{j+1}}{2}\right),$$

$$\left(B\left(\frac{Z^j + Z^{j+1}}{2}\right)\right)_{ii} = -\alpha\left(\left(\frac{p_i^j + p_i^{j+1}}{2}\right)^2 + 3\left(\frac{q_i^j + q_i^{j+1}}{2}\right)^2\right),$$

$$\left(C\left(\frac{Z^j + Z^{j+1}}{2}\right)\right)_{ii} = -\alpha\left(3\left(\frac{p_i^j + p_i^{j+1}}{2}\right)^2 + \left(\frac{q_i^j + q_i^{j+1}}{2}\right)^2\right),$$

$$\left(A\left(\frac{Z^j + Z^{j+1}}{2}\right)\right)_{ik} = \left(B\left(\frac{Z^j + Z^{j+1}}{2}\right)\right)_{ik} = \left(C\left(\frac{Z^j + Z^{j+1}}{2}\right)\right)_{ik} = 0,$$

其中: $i \neq k; i, k = 0, 1, \cdots, N-1$.

显然, 三个 AVF 方法都是保能量的, 证明过程参照第 1.2 节.

3.3　数　值　实　验

在本节, 我们考虑非线性薛定谔方程的三个 AVF 方法, 并通过数值实验验证解的保能量特性和测试其精度阶.

我们定义在 $t = t_j$ 处的哈密尔顿能量为

$$E^j = \frac{1}{2}[(P^j)^{\mathrm{T}} D_2 P^j + (Q^j)^{\mathrm{T}} D_2 Q^j] + \frac{\alpha}{4} \sum_{i=0}^{N-1} ((p_i^j)^2 + (q_i^j)^2)^2. \tag{3.19}$$

定义相对能量误差为

$$RE^j = \frac{|E^j - E^0|}{|E^0|}.$$

定义解在 $t = t_j$ 处的 L^∞ 误差为

$$\mathrm{error}^j = \max_i |u_i^j - u(x_i, t_j)|.$$

我们回顾之前的内容, 如果一个格式满足

$$\frac{\mathrm{error}(h)}{\mathrm{error}(h/2)} \approx 2^p \ (h \to 0),$$

那么这个格式就具有 p 阶精度.

3.3.1　数值实验 1: 精度测试

下面我们考虑 $\alpha = 2$ 的非线性薛定谔方程. 我们取初值为

$$u(x, 0) = \mathrm{sech}(x) \exp(2ix), \quad -L/2 \leqslant x \leqslant L/2,$$

并考虑周期边界条件(1.8). 精确解为

$$u(x, t) = \mathrm{sech}(x - 4t) \exp(2ix - 3it).$$

我们取 $L = 64$ 和 $N = 512$, 忽略空间方向误差, 取不同的时间步长, 在 $t \in [0, 1]$ 上用二阶、三阶和四阶 AVF 方法进行计算, 得到的数值解和精确解的误差和精度阶见表 3.1. 我们可以看出, 在求解非线性薛定谔方程时, 二阶、三阶和四阶 AVF 方法的时间方向的精度阶分别是 2 阶、3 阶和 4 阶. 图 3.1表示三个格式的数值解的相对能量误差. 我们可以看出, 三个格式都是保能量的.

表 3.1　取不同时间步长, 用二阶、三阶和四阶 AVF 方法求解数值实验 1 得到的数值解的精度阶

$t = 1$	h	解误差	精度阶
二阶 AVF	0.004	$1.922\,3 \times 10^{-4}$	——
	0.002	$4.805\,1 \times 10^{-5}$	2.000 2
	0.001	$1.201\,2 \times 10^{-5}$	2.000 1
	0.000 5	$3.003\,1 \times 10^{-6}$	2.000 0
三阶 AVF	0.004	$3.749\,8 \times 10^{-7}$	——
	0.002	$4.687\,8 \times 10^{-8}$	2.999 8
	0.001	$5.861\,5 \times 10^{-9}$	2.999 6
	0.000 5	$7.322\,0 \times 10^{-10}$	3.001 0
四阶 AVF	0.004	$2.917\,6 \times 10^{-8}$	——
	0.002	$1.825\,7 \times 10^{-9}$	3.998 3
	0.001	$1.129\,9 \times 10^{-10}$	4.014 2
	0.000 5	$8.182\,3 \times 10^{-12}$	3.787 5

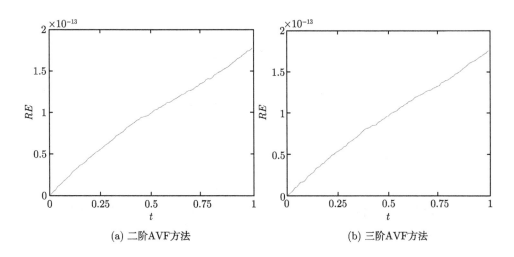

(a) 二阶AVF方法　　　　　　　　(b) 三阶AVF方法

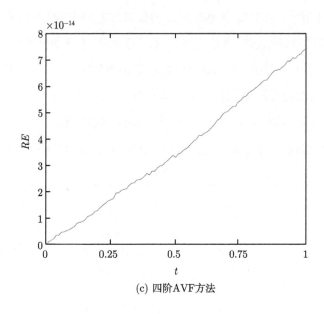

(c) 四阶AVF方法

图 3.1　从 $t=0$ 计算到 $t=1$, 求解数值实验 1 得到的数值解的相对能量误差

3.3.2　数值实验 2: 长时间计算效果

我们下面研究三个 AVF 方法的长时间数值行为.

考虑薛定谔方程两个孤立波碰撞的情形, 令 $\alpha=2$, 取初值为

$$u(x,0) = \operatorname{sech}(x-d)\exp(2i(x-d))+$$

$$\operatorname{sech}(-x-d)\exp(-2i(x+d)),$$

其中 $-L/2 \leqslant x \leqslant L/2$, 考虑周期边界条件. 我们取 $d=8$, $L=32$, $N=128$ 和 $h=0.01$, 用三个 AVF 方法从 $t=0$ 计算到 $t=212$.

图 3.2和图 3.3表示四阶 AVF 方法从 $t=0$ 计算到 $t=212$ 求解数值实验 3 得到的数值解的波形和相对能量误差. 我们可以看出, 每一次碰撞后, 两个孤立波都保持波形不变, 各自沿着原来的方向匀速传播, 并且系统能量一直保持不变. 二阶和三阶 AVF 方法得到的数值解波形图和能量误差图都和四阶 AVF 方法相似. 由此我们可知, 二、三和四阶 AVF 方法在长时间计算中都能够很好地模拟解的演化行为, 且具有能量守恒特性.

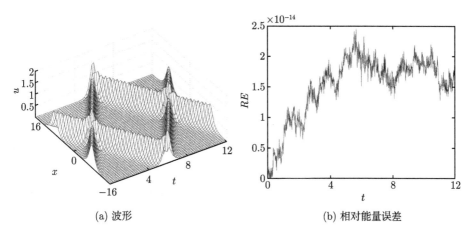

(a) 波形　　　　　　　　(b) 相对能量误差

图 3.2　四阶 AVF 方法从 $t = 0$ 计算到 $t = 12$ 求解数值实验 2 得到的数值解

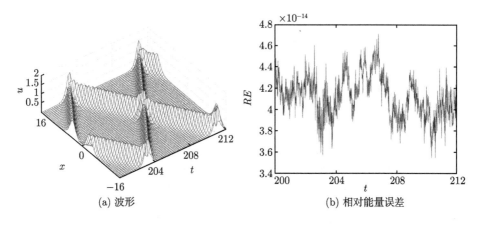

(a) 波形　　　　　　　　(b) 相对能量误差

图 3.3　四阶 AVF 方法从 $t = 200$ 计算到 $t = 212$ 求解数值实验 2 得到的数值解

3.4　结　　论

在本章, 我们把二、三、四阶 AVF 方法应用到偏微分方程中, 并以非线性薛定谔方程为例, 得到了三个不同精度的保能量格式. 通过精度分析, 我们证明了三个 AVF 方法的精度分别是 2 阶、3 阶和 4 阶, 并且数值实验验证了这一点. 对于四阶 AVF 方法, 我们在数值实验中用该方法在长时间内对薛定谔方程进行求解. 数值实验表明, 该方法可以保持系统能量, 并且具有很好的数值行为.

第 4 章 六阶 AVF 方法

构造一个高阶的保能量 B-级数方法是非常有意义的. 最近几年, 人们提出了三阶和四阶 AVF 方法[31], 但更高阶的 AVF 方法还未被人提出. 我们知道, 基于 B-级数和代入规则理论, 我们可以把一个低阶的 B-级数方法提高到高阶[3,29]. 代入规则的通式和阶小于等于 4 的树的代入规则的具体公式已经被提出了 [3,43-44], 而且四阶 AVF 方法可以由四阶代入规则从二阶 AVF 方法中推导出来. 但是, 由于超过五阶的代入规则更加复杂, 还没有人给出更高阶代入规则的具体公式. 所以, 为了得到更高阶的 AVF 方法, 我们就需要先推导出更高阶代入规则的具体公式.

本章有两个要解决的问题. 第一, 给出五阶树的代入规则的具体公式. 我们知道, 一个低阶的 B-级数方法可以通过代入规则提高到高阶. 所以, 我们可以通过五阶代入规则把二阶 B-级数方法提高到五阶, 若这个新得到的方法还是对称的, 则可以达到 6 阶精度. 比如, 六阶辛算法[44] 就可以通过这个过程得到. 第二, 我们希望得到哈密尔顿系统的六阶 AVF 方法, 也就是通过上述过程, 把二阶 AVF 方法提高到六阶, 从而得到一个六阶保能量 B-级数方法[78].

4.1 根数理论的基本知识

推导六阶 AVF 方法需要用到六阶树的代入规则, 在这一节, 我们先回顾下根树和 B-级数相应的定义和性质 [3-5,29,43-44,79-81].

4.1.1 树和 B-级数

令 $\varnothing$ 为空树.

定义 4.1.1 (无序树[3]) 无序 (根) 树集合 $\mathcal{T}$ 由下列方式递归定义:

$$\bullet \in \mathcal{T}, \quad [\tau_1, \cdots, \tau_m] \in \mathcal{T}, \quad \forall\, \tau_1, \cdots, \tau_m \in \mathcal{T}, \tag{4.1}$$

其中 "$\cdot$" 是只有一个顶点的树, $\tau = [\tau_1, \cdots, \tau_m]$ 表示把 $\tau_1, \cdots, \tau_m \in \mathcal{T}$ 的根嫁接到一个新的顶点所得到的根树. 树 τ_i 称为 τ 的子树.

我们发现树 τ 不依赖于子树 $\tau_1, \cdots, \tau_m$ 的排序. 例如, 我们认为 $[\cdot, [\cdot]]$ 和 $[[\cdot], \cdot]$ 是同一棵树.

定义 4.1.2 (系数[5])　对于树 $\tau = [\tau_1, \cdots, \tau_m] \in \mathcal{T}$, 下列系数是被递归地定义的:

$$|\tau| = 1 + \sum_{i=1}^{m} |\tau_i|,$$

$$\alpha(\tau) = \frac{(|\tau| - 1)!}{|\tau_1|! \cdot \cdots \cdot |\tau_m|!} \alpha(\tau_1) \cdot \cdots \cdot \alpha(\tau_m) \frac{1}{\mu_1! \mu_2! \cdots},$$

$$\sigma(\tau) = \alpha(\tau_1) \cdot \cdots \cdot \alpha(\tau_m) \cdot \mu_1! \mu_2! \cdots,$$

$$\gamma(\tau) = |\tau| \gamma(\tau_1) \cdot \cdots \cdot \gamma(\tau_m),$$

其中整数 $\mu_1, \mu_2, \cdots$ 是指 $\tau_1, \cdots, \tau_m$ 中相同树的数量, $\alpha(\cdot) = 1$, $\sigma(\cdot) = 1$, $\gamma(\cdot) = 1$.

定义 4.1.3 (微分元[4])　考虑向量场 $f : \mathbb{R}^d \to \mathbb{R}^d$ 和无序树 $\tau = [\tau_1, \cdots, \tau_m] \in \mathcal{T}$, 我们递归地定义微分元为 $F_f(\tau) : \mathbb{R}^d \to \mathbb{R}^d$,

$$F_f(\cdot)(z) = f(z), \quad F_f(\tau)(z) = f^m(z)(F_f(\tau_1)(z), \cdots, F_f(\tau_m)(z)).$$

定义 4.1.4 (B-级数[4])　考虑映射 $a : \mathcal{T} \bigcup \{\varnothing\} \to \mathbb{R}$, 具有下列形式的级数

$$B_f(a, z) = a(\varnothing) z + \sum_{\tau \in \mathcal{T}} \frac{h^{|\tau|}}{\sigma(\tau)} a(\tau) F_f(\tau)(z)$$

称为 B-级数.

定理 4.1.1 (精确解[5])　设 $z(t)$ 是系统(1.1)的精确解, 则对任意 $j \geqslant 1$, 都有

$$\frac{1}{j!} z^{(j)}(0) = \sum_{\tau \in \mathcal{T}, |\tau| = j} \frac{1}{\sigma(\tau) \gamma(\tau)} F_f(\tau)(z_0).$$

因此, 令 $\gamma(\varnothing) = 1$, 则系统(1.1)的精确解可以写成 B-级数的形式:

$$z(h) = B_f\left(\frac{1}{\gamma}, z_0\right).$$

4.1.2 树的基本工具

1. 分割和骨架

为了更方便地对树进行处理, 我们考虑下面定义的有序树集 $\mathcal{OT}$.

定义 4.1.5 (有序树[5]) 将有序树集 $\mathcal{OT}$ 递归地定义为

$$\bullet \in \mathcal{OT}, \quad (\omega_1, \cdots, \omega_m) \in \mathcal{OT}, \quad \forall\, \omega_1, \cdots, \omega_m \in \mathcal{OT}.$$

和无序树集 $\mathcal{T}$ 不同, 有序树 ω 依赖于子树 $\omega_1, \cdots, \omega_m$ 的排序.

不考虑排序的话, 可以认为无序树 $\tau \in \mathcal{T}$ 是有序树的一个等价类, 记为 $\tau = \overline{\omega}$. 因此, 任一定义在无序树集 $\mathcal{T}$ 上的函数 ψ(如阶、对称系数、密度系数等) 都能通过对任意有序树 $\omega \in \mathcal{OT}$ 取 $\psi(\omega) = \psi(\overline{\omega})$ 扩展到有序树集 $\mathcal{OT}$ 中. 另外, 对于任意无序树 $\tau \in \mathcal{T}$, 我们都可以找到一棵与之对应的有序树 $\omega(\tau)$, 使得 $\tau = \overline{\omega(\tau)}$[43].

定义 4.1.6 (树的分割[43]) 一个有序树 $\theta \in \mathcal{OT}$ 的分割 p^θ 还是一棵有序树, 只不过是把原有序树 θ 的一些边替换成虚线或不把任何边替换. 我们记 $\mathcal{P}(\theta)$ 为有序树 θ 所有分割的集合, 称为分割集. 在 p^θ 中, 去掉虚线会得到一列可能相同的有序子树, 忽略每棵子树的有序性, 则可以得到一列可能会相同的无序子树, 将每棵子树记为 $s_i \in \mathcal{T}$, $i = 1, 2, \cdots, k$. 我们定义 $P(p^\theta) = \{s_1, \cdots, s_k\}$ 为这列无序子树的集合, 称为分割 p^θ 的分割子树集, 我们定义 $\#(p^\theta) = k$ 为分割树集 $P(p^\theta)$ 中元素的个数. 我们发现, 若在这列无序子树 $s_i \in \mathcal{T}$, $i = 1, 2, \cdots, k$ 中, 恰好有一棵子树包含原有序树 θ 的根, 则把这棵子树记为 $R(p^\theta) \in \mathcal{T}$, 称作分割 p^θ 的含根子树. 我们记 $P^*(p^\theta) = P(p^\theta) \backslash \{R(p^\theta)\}$ 为分割 p^θ 的无序子树中去掉含根子树所构成的集合, 称为分割 p^θ 的不含根子树集. 最后, 对任一无序树 $\tau \in \mathcal{T}$, 我们令 $\mathcal{P}(\tau) = \mathcal{P}(\omega(\tau))$ 为无序树 τ 的一个分割树集, 其中 $\omega(\tau) \in \mathcal{OT}$ 由定义 4.1.5 给出, 为任一使得 $\tau = \overline{\omega(\tau)}$ 成立的有序树.

定义 4.1.7 (分割的骨架[80]) 对任一无序树 $\tau \in \mathcal{T}$, $\mathcal{P}(\tau)$ 是它的一个分割树集, 我们令 $p^\tau \in \mathcal{P}(\tau)$ 是它的一个分割. 把这个分割的分割子树集 $P(p^\tau)$ 中的所有子树都换成一个顶点并代回到原分割中, 然后把虚线换成实线, 得到新的有序树, 再忽略其有序性, 所得到的无序树称为该分割的骨架, 记为 $\chi(p^\tau) \in \mathcal{T}$.

2. 代入规则

定理 4.1.2 (代入规则 [3,43-44])　令 $a,b : \mathcal{T} \bigcup \{\varnothing\} \to \mathbb{R}$ 为两个映射, 其中 $b(\varnothing) = 0$. 给定一个场 $f : \mathbb{R}^d \to \mathbb{R}^d$, 定义一个依赖于步长 h 的场 $g : \mathbb{R}^d \to \mathbb{R}^d$ 为

$$hg(z) = B_f(b, z),$$

则存在一个映射 $b \star a : \mathcal{T} \bigcup \{\varnothing\} \to \mathbb{R}$ 满足

$$B_g(a, z) = B_f(b \star a, z),$$

其中 $b \star a$ 定义为

$$b \star a(\varnothing) = a(\varnothing), \quad b \star a(\tau) = \sum_{p^\tau \in \mathcal{P}(\tau)} a(\chi(p^\tau)) \prod_{\delta \in P(p^\tau)} b(\delta), \quad \forall \tau \in \mathcal{T}. \quad (4.2)$$

在文献 [3] 和 [43] 中, 阶小于等于 4 的树的代入规则 $\star$ 的具体公式已经给出了, 如下所示:

$$b \star a(\varnothing) = a(\varnothing),$$

$$b \star a(\centerdot) = a(\centerdot)b(\centerdot),$$

$$b \star a(\mathcal{I}) = a(\centerdot)b(\mathcal{I}) + a(\mathcal{I})b(\centerdot)^2,$$

$$b \star a(\mathbf{V}) = a(\centerdot)b(\mathbf{V}) + 2a(\mathcal{I})b(\centerdot)b(\mathcal{I}) + a(\mathbf{V})b(\centerdot)^3,$$

$$b \star a(\mathcal{\hat{I}}) = a(\centerdot)b(\mathcal{\hat{I}}) + 2a(\mathcal{I})b(\centerdot)b(\mathcal{I}) + a(\mathcal{\hat{I}})b(\centerdot)^3,$$

$$b \star a(\mathbf{\hat{V}}) = a(\centerdot)b(\mathbf{\hat{V}}) + 3a(\mathcal{I})b(\centerdot)b(\mathbf{V}) + 3a(\mathbf{V})b(\centerdot)^2b(\mathcal{I}) + a(\mathbf{\hat{V}})b(\centerdot)^4,$$

$$b \star a(\mathbf{\hat{V}}) = a(\centerdot)b(\mathbf{\hat{V}}) + a(\mathcal{I})b(\centerdot)b(\mathcal{\hat{I}}) + a(\mathcal{I})b(\mathcal{I})^2 + a(\mathcal{I})b(\centerdot)b(\mathbf{V}) + 2a(\mathbf{V})b(\centerdot)^2b(\mathcal{I}) + a(\mathcal{\hat{I}})b(\centerdot^2)b(\mathcal{I}) + a(\mathbf{\hat{V}})b(\centerdot)^4,$$

$$b \star a(\mathbf{Y}) = a(\centerdot)b(\mathbf{Y}) + a(\mathcal{I})b(\centerdot)b(\mathbf{V}) + 2a(\mathcal{I})b(\centerdot)b(\mathcal{\hat{I}}) + a(\mathbf{V})b(\centerdot)^2b(\mathcal{I}) + 2a(\mathcal{\hat{I}})b(\centerdot)^2b(\mathcal{I}) + a(\mathbf{Y})b(\centerdot)^4,$$

$$b \star a(\overset{\prime}{\mathord{\downarrow}}) = a(.)b(\overset{\prime}{\mathord{\downarrow}}) + 2a(\mathord{\uparrow})b(.)b(\overset{\prime}{\mathord{\uparrow}}) + a(\mathord{\uparrow})b(\mathord{\uparrow})^2 + 3a(\overset{\prime}{\mathord{\uparrow}})b(.)^2b(\mathord{\uparrow}) + a(\overset{\prime}{\mathord{\uparrow}})b(.)^4.$$

现在, 我们给出五阶树代入规则 $\star$ 的具体公式, 如下所示:

$$b \star a(\mathbf{\Psi}) = a(.)b(\mathbf{\Psi}) + 4a(\mathord{\uparrow})b(.)b(\mathbf{V}) + 6a(\mathbf{V})b(.)^2b(\mathbf{V})+$$

$$4a(\mathbf{V})b(.)^3b(\mathord{\uparrow}) + a(\mathbf{\Psi})b(.)^5,$$

$$b \star a(\overset{\prime}{\mathbf{V}}) = a(.)b(\overset{\prime}{\mathbf{V}}) + a(\mathord{\uparrow})b(.)b(\mathbf{V}) + 2a(\mathord{\uparrow})b(.)b(\overset{\prime}{\mathbf{V}}) + a(\mathord{\uparrow})b(\mathord{\uparrow})b(\mathbf{V})+$$

$$a(\mathord{\uparrow})b(.)^2b(\mathbf{V}) + 2a(\mathbf{V})b(.)^2b(\mathbf{V}) + a(\mathbf{V})b(.)^2b(\overset{\prime}{\mathord{\uparrow}})+$$

$$2a(\mathbf{V})b(.)b(\mathord{\uparrow})^2 + 2a(\mathbf{V})b(.)^3b(\mathord{\uparrow}) + 2a(\overset{\prime}{\mathbf{V}})b(.)^3b(\mathord{\uparrow})+$$

$$a(\overset{\prime}{\mathbf{V}})b(.)^5,$$

$$b \star a(\overset{\prime\prime}{\mathbf{V}}) = a(.)b(\overset{\prime\prime}{\mathbf{V}}) + 2a(\mathord{\uparrow})b(.)b(\overset{\prime}{\mathbf{V}}) + 2a(\mathord{\uparrow})b(\mathord{\uparrow})b(\overset{\prime}{\mathord{\uparrow}})+$$

$$a(\mathbf{V})b(.)^2b(\mathbf{V}) + 2a(\overset{\prime}{\mathord{\uparrow}})b(.)^2b(\overset{\prime}{\mathord{\uparrow}}) + 3a(\mathbf{V})b(.)b(\mathord{\uparrow})^2+$$

$$4a(\overset{\prime}{\mathbf{V}})b(.)^3b(\mathord{\uparrow}) + a(\overset{\prime\prime}{\mathbf{V}})b(.)^5,$$

$$b \star a(\mathbf{Y}) = a(.)b(\mathbf{Y}) + a(\mathord{\uparrow})b(.)b(\mathbf{V}) + 3a(\mathord{\uparrow})b(.)b(\overset{\prime}{\mathbf{Y}})+$$

$$3a(\overset{\prime}{\mathord{\uparrow}})b(.)^2b(\mathbf{V}) + 3a(\mathbf{V})b(.)^2b(\overset{\prime}{\mathord{\uparrow}}) + a(\mathbf{V})b(.)^3b(\mathord{\uparrow})+$$

$$3a(\mathbf{Y})b(.)^3b(\mathord{\uparrow}) + a(\overset{\prime}{\mathbf{Y}})b(.)^5,$$

$$b \star a(\overset{\prime}{\mathbf{Y}}) = a(.)b(\overset{\prime}{\mathbf{Y}}) + a(\mathord{\uparrow})b(.)b(\mathbf{V}) + a(\mathord{\uparrow})b(.)b(\overset{\prime}{\mathord{\uparrow}}) + a(\mathord{\uparrow})b(.)b(\mathbf{Y})+$$

$$a(\mathord{\uparrow})b(\mathord{\uparrow})b(\overset{\prime}{\mathord{\uparrow}}) + 2a(\overset{\prime}{\mathord{\uparrow}})b(.)^2b(\overset{\prime}{\mathord{\uparrow}}) + a(\mathbf{V})b(.)b(\mathord{\uparrow})^2+$$

$$a(\overset{\prime}{\mathord{\uparrow}})b(.)b(\mathord{\uparrow})^2 + a(\overset{\prime}{\mathord{\uparrow}})b(.)^2b(\mathbf{V}) + a(\mathbf{V})b(.)^2b(\overset{\prime}{\mathord{\uparrow}})+$$

$$a(\mathbf{V})b(.)^3b(\mathord{\uparrow}) + a(\overset{\prime}{\mathord{\uparrow}})b(.)^3b(\mathord{\uparrow}) + 2a(\mathbf{Y})b(.)^3b(\mathord{\uparrow})+$$

$$a(\overset{\prime}{\mathbf{Y}})b(.)^5,$$

$$b \star a(\Psi) = a(.)b(\Psi) + a(/)b(.)b(\Psi) + a(/)b(/)b(\mathsf{V}) + a(/)b(/)b(/) +$$

$$a(/)b(.)b(/) + a(/)b(.)^2 b(\mathsf{V}) + 2a(/)b(.)b(/)^2 +$$

$$a(\mathsf{V})b(.)b(/)^2 + 2a(\mathsf{V})b(.)^2 b(/) + a(/)b(.)^3 b(/) +$$

$$3a(\Psi)b(.)^3 b(/) + a(\Psi)b(.)^5,$$

$$b \star a(\mathsf{Y}) = a(.)b(\mathsf{Y}) + a(/)b(.)b(\mathsf{Y}) + 2a(/)b(.)b(/) + a(/)b(/)b(\mathsf{V}) +$$

$$2a(/)b(.)b(/)^2 + 2a(/)b(.)^2 b(/) + a(/)b(.)^2 b(\mathsf{V}) +$$

$$a(\mathsf{V})b(.)^2 b(/) + 2a(\mathsf{Y})b(.)^3 b(/) + 2a(/)b(.)^3 b(/) +$$

$$a(\mathsf{Y})b(.)^5,$$

$$b \star a(\mathsf{\wr}) = a(.)b(\mathsf{\wr}) + 2a(/)b(.)b(\mathsf{\wr}) + 2a(/)b(/)b(/) + 3a(/)b(.)^2 b(/) +$$

$$3a(/)b(.)b(/)^2 + 4a(/)b(.)^3 b(/) + a(/)b(.)^5,$$

$$b \star a(\mathsf{Y}) = a(.)b(\mathsf{Y}) + 2a(/)b(.)b(\mathsf{V}) + a(/)b(/)b(\mathsf{V}) + a(/)b(.)b(\mathsf{Y}) +$$

$$2a(\mathsf{V})b(.)^2 b(\mathsf{V}) + 2a(\mathsf{V})b(.)^2 b(/) + 2a(/)b(.)b(/)^2 +$$

$$a(\mathsf{Y})b(.)^3 b(/) + 2a(\mathsf{V})b(.)^3 b(/) + a(\mathsf{V})b(.)^3 b(/) +$$

$$a(\mathsf{V})b(.)^5.$$

4.2　六阶 AVF 方法推导

4.2.1　二阶 AVF 方法及其 B-级数

考虑常微分方程

$$\dot{z} = f(z), \quad z \in \mathbb{R}^n, \quad z(t_0) = z_0 \tag{4.3}$$

和二阶 AVF 方法[31]

$$\Phi_h^f(z_0) = z_1 = z_0 + h \int_0^1 f(\xi z_1 + (1-\xi)z_0)\mathrm{d}\xi. \tag{4.4}$$

定理 4.2.1 AVF 方法(4.4)可以展开成 B-级数形式:

$$\Phi_h^f(z_0) = B_f(a, z_0) = a(\varnothing)z_0 + \sum_{\tau \in \mathcal{T}} \frac{h^{|\tau|}}{\sigma(\tau)} a(\tau)F_f(\tau)(z_0), \tag{4.5}$$

其中对任意 $\tau = [\tau_1, \cdots, \tau_m] \in \mathcal{T}$, 有 $a(\varnothing) = a(.) = 1$,

$$a(\tau) = \frac{1}{m+1}a(\tau_1)\cdots a(\tau_m).$$

证明 我们考虑式(4.4)的导数, 由 Leibniz 法则, 可以得到

$$z_1^{(q)} = \left[h\int_0^1 f(\xi z_1 + (1-\xi)z_0)\mathrm{d}\xi\right]^{(q)}$$

$$= h\left[\int_0^1 f(\xi z_1 + (1-\xi)z_0)\mathrm{d}\xi\right]^{(q)} + q\left[\int_0^1 f(\xi z_1 + (1-\xi)z_0)\mathrm{d}\xi\right]^{q-1},$$

则对 $h = 0$, 我们有 $z^{(q)} := z_1^{(q)}|_{h=0} = q\left[\int_0^1 f(\xi z_1 + (1-\xi)z_0)\mathrm{d}\xi\right]^{q-1}\Big|_{h=0}, q \geqslant 1.$ 再考虑 $z_1|_{h=0} = z_0$, 我们可得

$$\dot{z} = \int_0^1 f(\xi z_0 + (1-\xi)z_0)\mathrm{d}\xi = 1\cdot 1\cdot 1\cdot f(z_0),$$

$$\ddot{z} = 2\int_0^1 \xi f'(\xi z_0 + (1-\xi)z_0)\dot{z}\mathrm{d}\xi = 2\cdot 1\cdot \frac{1}{2}f'(z_0)\dot{z},$$

$$z^{(3)} = 3\int_0^1 (\xi^2 f''(\xi z_0 + (1-\xi)z_0)(\dot{z},\dot{z}) + \xi f'(\xi z_0 + (1-\xi)z_0)\ddot{z})\mathrm{d}\xi$$

$$= 3\cdot\left(1\cdot\frac{1}{3}f''(z_0)(\dot{z},\dot{z}) + 1\cdot\frac{1}{2}f'(z_0)\ddot{z}\right), \tag{4.6}$$

$$z^{(4)} = 4\int_0^1 (\xi^3 f'''(\xi z_0 + (1-\xi)z_0)(\dot{z},\dot{z},\dot{z}) + 3\xi^2 f''(\xi z_0 + (1-\xi)z_0)(\ddot{z},\dot{z}) +$$

$$\xi f'(\xi z_0 + (1-\xi)z_0)z^{(3)})\mathrm{d}\xi$$

$$= 4 \cdot \left(1 \cdot \frac{1}{4}f'''(z_0)(\dot{z}, \dot{z}, \dot{z}) + 3 \cdot \frac{1}{3}f''(z_0)(\ddot{z}, \dot{z}) + 1 \cdot \frac{1}{2}f'(z_0)z^{(3)}\right),$$

$$\vdots$$

我们在式(4.6)中递归地将 $\dot{z}, \ddot{z}, \cdots$ 代入等式右边. 我们记 $f^{(q)} := f^{(q)}(z_0)$ 和 $F(\tau) = F_f(\tau)(z_0)$, 可得

$$\dot{z} = 1 \cdot 1 \cdot 1 \cdot f = \gamma(\bullet)\alpha(\bullet)a(\bullet)F(\bullet),$$

$$\ddot{z} = 2 \cdot 1 \cdot \frac{1}{2}f'f = \gamma(\mathord{\downarrow})\alpha(\mathord{\downarrow})a(\mathord{\downarrow})F(\mathord{\downarrow}),$$ (4.7)

$$z^{(3)} = 3 \cdot 1 \cdot \frac{1}{3}f''(f,f) + (2 \cdot 3) \cdot 1 \cdot \left(\frac{1}{2} \cdot \frac{1}{2}\right)f'f'f$$

$$= \gamma(\mathord{\lor})\alpha(\mathord{\lor})a(\mathord{\lor})F(\mathord{\lor}) + \gamma(\mathord{\uparrow})\alpha(\mathord{\uparrow})a(\mathord{\uparrow})F(\mathord{\uparrow}),$$

$$z^{(4)} = 4 \cdot 1 \cdot \frac{1}{4}f'''(f,f,f) + (2 \cdot 4) \cdot 3 \cdot \left(\frac{1}{2} \cdot \frac{1}{3}\right)f''(f'f,f) +$$

$$(3 \cdot 4) \cdot 1 \cdot \left(\frac{1}{2} \cdot \frac{1}{3}\right)f'f''(f,f) + (2 \cdot 3 \cdot 4) \cdot 1 \cdot \left(\frac{1}{2} \cdot \frac{1}{2} \cdot \frac{1}{2}\right)f'f'f'f$$

$$= \gamma(\mathord{\psi})\alpha(\mathord{\psi})a(\mathord{\psi})F(\mathord{\psi}) + \gamma(\mathord{\uparrow})\alpha(\mathord{\uparrow})a(\mathord{\uparrow})F(\mathord{\uparrow}) +$$

$$\gamma(\mathord{\Upsilon})\alpha(\mathord{\Upsilon})a(\mathord{\Upsilon})F(\mathord{\Upsilon}) + \gamma(\mathord{\uparrow})\alpha(\mathord{\uparrow})a(\mathord{\uparrow})F(\mathord{\uparrow}),$$

$$\vdots$$

对任意 $\tau = [\tau_1, \cdots, \tau_m] \in \mathcal{T}$, 令 $\alpha = \dfrac{(|\tau| - 1)!}{|\tau_1|! \cdot \cdots \cdot |\tau_m|!} \cdot \dfrac{1}{\mu_1!\mu_2!\cdots}$, 其中整数 $\mu_1, \mu_2, \cdots$ 为树 $\tau_1, \cdots, \tau_m$ 中相同树的数目, 我们可得

$$\gamma(\tau)\alpha(\tau)a(\tau)F(\tau)$$

$$= |\tau| \int_0^1 \alpha \xi^m f^m(z_0)(\gamma(\tau_1)\alpha(\tau_1)a(\tau_1)F(\tau_1), \cdots, \gamma(\tau_m)\alpha(\tau_m)a(\tau_m)F(\tau_m))\mathrm{d}\xi$$

$$= [|\tau|\gamma(\tau_1) \cdot \cdots \cdot \gamma(\tau_m)] \cdot [\alpha\alpha(\tau_1) \cdot \cdots \cdot \alpha(\tau_m)] \cdot$$

$$\left[\frac{1}{m+1}a(\tau_1)\cdots a(\tau_m)\right]\cdot f^m(z_0)(F(\tau_1),\cdots,F(\tau_m))$$

$$=\gamma(\tau)\alpha(\tau)\left[\frac{1}{m+1}a(\tau_1)\cdots a(\tau_m)\right]F(\tau).$$

因此我们有 $z^{(q)}=\sum\limits_{\tau\in\mathcal{T},|\tau|=q}\gamma(\tau)\alpha(\tau)a(\tau)F(\tau)$, 其中, 对任意树 $\tau=[\tau_1,\cdots,\tau_m]\in\mathcal{T}$, 有 $a(\centerdot)=1$, $a(\tau)=\dfrac{1}{m+1}a(\tau_1)\cdots a(\tau_m)$. 令 $a(\varnothing)=1$, 并考虑 $\sigma(\tau)=\dfrac{|\tau|!}{\alpha(\tau)\gamma(\tau)}$, 我们可得

$$\Phi_h^f(z_0)=z_1=a(\varnothing)z_0+\sum_{\tau\in\mathcal{T}}\frac{h^{|\tau|}}{\sigma(\tau)}a(\tau)F_f(\tau)=B_f(a,z_0).$$

$\square$

AVF 方法的 B-级数(4.5)可以改写为

$$\Phi_h^f(z_0)=z_0+hf+\frac{1}{2}h^2f'f+h^3\left(\frac{1}{2\cdot 3}f''(f,f)+\frac{1}{4}f'f'f\right)+$$

$$h^4\left(\frac{1}{4\cdot 6}f'''(f,f,f)+\frac{1}{6}f''(f'f,f)+\frac{1}{2\cdot 6}f'f''(f,f)+\frac{1}{8}f'f'f'f\right)+\cdots$$

$$=z_0+hF(\centerdot)+\frac{1}{2}h^2F(\rlap{\textnode})+h^3\left(\frac{1}{2\cdot 3}F(\vee)+\frac{1}{4}F(\text{tree})\right)+h^4\left(\frac{1}{4\cdot 6}F(\psi)+\right.$$

$$\left.\frac{1}{6}F(\text{tree})+\frac{1}{2\cdot 6}F(\text{tree})+\frac{1}{8}F(\text{tree})\right)+h^5\left(\frac{1}{5\cdot 24}F(\text{tree})+\frac{1}{2\cdot 8}F(\text{tree})+\right.$$

$$\frac{1}{2\cdot 12}F(\text{tree})+\frac{1}{6\cdot 8}F(\text{tree})+\frac{1}{12}F(\text{tree})+\frac{1}{12}F(\text{tree})+\frac{1}{2\cdot 12}F(\text{tree})+$$

$$\left.\frac{1}{16}F(\text{tree})+\frac{1}{2\cdot 9}F(\text{tree})\right)+\cdots$$

4.2.2　六阶 AVF 方法概述

令 $a:\mathcal{T}\bigcup\{\varnothing\}\to\mathbb{R}$ 是一个满足 $a(\varnothing)=1$, $a(\centerdot)\neq 0$ 的映射, 令 $f:\mathbb{R}^d\to\mathbb{R}^d$ 是一个场. 我们考虑数值解 Φ_h^g, 其中 $g:\mathbb{R}^d\to\mathbb{R}^d$ 是 f 的修改向量场, 该数值解的 B-级数展开式为

$$\Phi_h^g(z)=B_g(a,z).$$

我们的基本思路是, 通过代入规则理论, 可以找到场 f 的一个合适的修改向量场 g, 使得初值问题 $z(0) = z_0, \dot{z} = g(z)$ 的二阶 AVF 方法数值解 $z_1 = \Phi_h^g$ 恰好是原问题 $\dot{z} = f(z)$ 的精确解[3, 29].

定理 4.2.2 设 $z_1 = \Phi_h^f(z_0)$ 是问题(4.3)的一个数值解, 可以展开成 B-级数的形式:

$$\Phi_h^f(z_0) = z_1 = B_f(a, z_0), \quad a(\varnothing) = 1,$$

且 $b : \mathcal{T} \bigcup \{\varnothing\} \to \mathbb{R}$ 是一个映射, 满足 $b(\varnothing) = 0$ 和

$$\forall \tau \in \mathcal{T}, \quad b \star a(\tau) = \frac{1}{\gamma(\tau)}, \tag{4.8}$$

那么我们可以得到一个新的数值解 $\Phi_h^g(z_0) = B_g(a, z_0)$, 且该数值解恰好是问题 (4.3)的精确解, 即满足

$$\Phi_h^g(z_0) = \varphi_h^f(z_0),$$

其中 $\varphi_h^f(z_0)$ 为问题(4.3)的精确解, 且 $g : \mathbb{R}^n \to \mathbb{R}^n$ 是一个依赖于步长 h 的场, 定义为

$$hg(y) = B_f(b, y).$$

证明 由定理 3.1, 我们有 $\varphi_h^f(z_0) = B_f\left(\dfrac{1}{\gamma}, z_0\right)$. 再由定理 3.2, 我们可得

$$\Phi_h^g(z_0) = B_g(a, z_0) = B_f(b \star a, z_0) = B_f\left(\frac{1}{\gamma}, z_0\right) = \varphi_h^f(z_0).$$

$\square$

令 $e(\tau) = \dfrac{1}{\gamma(\tau)}$, 对于阶小于等于 5 的树, 由代入规则(4.8), 我们可以计算 $b(\tau)$(见表 4.1), 推导过程如下:

$|\tau| = 1$,

$a(\centerdot)b(\centerdot) = e(\centerdot), \quad a(\centerdot) = 1, e(\centerdot) = 1, \qquad\qquad b(\centerdot) = 1,$

$|\tau| = 2$,

$a(\centerdot)b(\mathcal{I}) + a(\mathcal{I})b(\centerdot)^2 = e(\mathcal{I}),$

$$a(\mathbf{{\large\centerdot}}) = \frac{1}{2}, e(\mathbf{{\large\centerdot}}) = \frac{1}{2}, \qquad\qquad\qquad b(\mathbf{{\large\centerdot}}) = 0,$$

$$|\tau| = 3,$$

$$a(.)b(\mathsf{V}) + 2a(\mathbf{{\large\centerdot}})b(.)b(\mathbf{{\large\centerdot}}) + a(\mathsf{V})b(.)^3 = e(\mathsf{V}),$$

$$b(\mathsf{V}) + \frac{1}{3} = \frac{1}{3}, \qquad\qquad\qquad b(\mathsf{V}) = 0,$$

$$a(.)b(\mathsf{\dot{V}}) + 2a(\mathbf{{\large\centerdot}})b(.)b(\mathbf{{\large\centerdot}}) + a(\mathsf{\dot{V}})b(.)^3 = e(\mathsf{\dot{V}}),$$

$$b(\mathsf{\dot{V}}) + \frac{1}{4} = \frac{1}{6}, \qquad\qquad\qquad b(\mathsf{V}) = -\frac{1}{12},$$

$$|\tau| = 4,$$

$$a(.)b(\mathsf{W}) + 3a(\mathbf{{\large\centerdot}})b(.)b(\mathsf{V}) + 3a(\mathsf{V})b(.)^2 b(\mathbf{{\large\centerdot}}) + a(\mathsf{W})b(.)^4 = e(\mathsf{W}),$$

$$b(\mathsf{W}) + \frac{1}{4} = \frac{1}{4}, \qquad\qquad\qquad b(\mathsf{V}) = 0,$$

$$a(.)b(\mathsf{\dot{W}}) + a(\mathbf{{\large\centerdot}})b(.)b(\mathsf{\dot{V}}) + a(\mathsf{\dot{W}})b(.)^4 = e(\mathsf{\dot{W}}),$$

$$b(\mathsf{\dot{W}}) - \frac{1}{24} + \frac{1}{6} = \frac{1}{8}, \qquad\qquad\qquad b(\mathsf{\dot{V}}) = 0,$$

$$a(.)b(\mathsf{Y}) + 2a(\mathbf{{\large\centerdot}})b(.)b(\mathsf{\dot{V}}) + a(\mathsf{Y})b(.)^4 = e(\mathsf{Y}),$$

$$b(\mathsf{Y}) - \frac{1}{12} + \frac{1}{6} = \frac{1}{12}, \qquad\qquad\qquad b(\mathsf{Y}) = 0,$$

$$a(.)b(\mathsf{\dot{Y}}) + 2a(\mathbf{{\large\centerdot}})b(.)b(\mathsf{\dot{V}}) + a(\mathsf{\dot{Y}})b(.)^4 = e(\mathsf{\dot{Y}}),$$

$$b(\mathsf{\dot{Y}}) - \frac{1}{12} + \frac{1}{8} = \frac{1}{24}, \qquad\qquad\qquad b(\mathsf{\dot{Y}}) = 0,$$

$$|\tau| = 5,$$

$$a(.)b(\mathsf{\dot{W}}) + a(\mathsf{\dot{W}})b(.)^5 = e(\mathsf{\dot{W}}),$$

$$b(\mathsf{\dot{W}}) + \frac{1}{5} = \frac{1}{5}, \qquad\qquad\qquad b(\mathsf{\dot{W}}) = 0,$$

$$a(.)b(\mathsf{\acute{W}}) + a(\mathbf{{\large\centerdot}})b(.)b(\mathsf{W}) + a(\mathsf{V})b(.)^2 b(\mathsf{\dot{V}}) + a(\mathsf{\acute{W}})b(.)^5 = e(\mathsf{\acute{W}}),$$

$$b(\text{❦}) - \frac{1}{36} + \frac{1}{8} = \frac{1}{10}, \qquad\qquad b(\text{❦}) = \frac{1}{360},$$

$$a(.)b(\text{❦}) + 2a(\text{!})b(\text{!})b(\text{!}) + a(\text{❦})b(.)^5 = e(\text{❦}),$$

$$b(\text{❦}) - \frac{1}{24} + \frac{1}{12} = \frac{1}{20}, \qquad\qquad b(\text{❦}) = \frac{1}{120},$$

$$a(.)b(\text{Y}) + 3a(\text{V})b(.)^2 b(\text{!}) + a(\text{Y})b(.)^5 = e(\text{Y}),$$

$$b(\text{Y}) - \frac{1}{12} + \frac{1}{8} = \frac{1}{20}, \qquad\qquad b(\text{Y}) = \frac{1}{120},$$

$$a(.)b(\text{Ƴ}) + 2a(\text{!})b(.)^2 b(\text{!}) + a(\text{V})b(.)^2 b(\text{!}) + a(\text{Ƴ})b(.)^5 = e(\text{Ƴ}),$$

$$b(\text{Ƴ}) - \frac{1}{24} - \frac{1}{36} + \frac{1}{12} = \frac{1}{40}, \qquad\qquad b(\text{Ƴ}) = \frac{1}{90},$$

$$a(.)b(\text{Ɏ}) + 2a(\text{V})b(.)^2 b(\text{!}) + a(\text{Ɏ})b(.)^5 = e(\text{Ɏ}),$$

$$b(\text{Ɏ}) - \frac{1}{18} + \frac{1}{12} = \frac{1}{30}, \qquad\qquad b(\text{Ɏ}) = \frac{1}{180},$$

$$a(.)b(\text{Ƴ}) + 2a(\text{!})b(.)^2 b(\text{!}) + a(\text{V})b(.)^2 b(\text{!}) + a(\text{!})b(.)^5 = e(\text{Ƴ}),$$

$$b(\text{Ƴ}) - \frac{1}{24} - \frac{1}{36} + \frac{1}{12} = \frac{1}{60}, \qquad\qquad b(\text{Ƴ}) = \frac{1}{360},$$

$$a(.)b(\text{ʤ}) + 3a(\text{!})b(.)^2 b(\text{!}) + a(\text{ʤ})b(.)^5 = e(\text{ʤ}),$$

$$b(\text{ʤ}) - \frac{1}{16} + \frac{1}{16} = \frac{1}{120}, \qquad\qquad b(\text{ʤ}) = \frac{1}{120},$$

$$a(.)b(\text{Ɏ}) + 2a(\text{V})b(.)^2 b(\text{!}) + a(\text{Ɏ})b(.)^5 = e(\text{Ɏ}),$$

$$b(\text{Ɏ}) - \frac{1}{18} + \frac{1}{9} = \frac{1}{15}, \qquad\qquad b(\text{Ɏ}) = \frac{1}{90},$$

对于阶等于 6 的树, 有 $b(\tau) = 0$.

表 4.1 阶小于等于 5 的树的系数 $\sigma(\tau)$, $\gamma(\tau)$, $a(\tau)$, $b(\tau)$ 和 $c(\tau)$

τ	$\varnothing$	$\bullet$	树	树	树	树	树	树	树
$\sigma(\tau)$		1	1	2	1	6	1	2	1
$\gamma(\tau)$		1	2	3	6	4	8	12	24
$a(\tau)$	1	1	1/2	1/3	1/4	1/4	1/6	1/6	1/8
$b(\tau)$	0	1	0	0	$-1/12$	0	0	0	0
$c(\tau)$	1	1	0	0	$-1/12$	0	0	0	0

τ	树	树	树	树	树	树	树	树	树
$\sigma(\tau)$	24	2	2	6	1	1	2	1	2
$\gamma(\tau)$	5	10	20	20	40	30	60	120	15
$a(\tau)$	1/5	1/8	1/12	1/8	1/12	1/12	1/12	1/16	1/9
$b(\tau)$	0	1/360	1/120	1/120	1/90	1/180	1/360	1/120	1/90
$c(\tau)$	0	$-1/480$	1/240	$-1/480$	1/240	$-1/720$	1/720	1/120	$-1/720$

那么我们可以得到精确的修改向量场 $g(z_0) = \dfrac{1}{h}B_f(b, z_0)$ 和六阶的修改向量场

$$\breve{g}(z_0) = f(z_0) - \frac{h^2}{12}F(\ \!) + \frac{h^4}{720}[6F(\ \!) + 4F(\ \!) + F(\ \!) + 4F(\ \!) + F(\ \!) +$$

$$F(\ \!) + 3F(\ \!) + 8F(\ \!)],$$

满足 $g(z_0) = \breve{g}(z_0) + \mathcal{O}(h^6)$ 和 $\Phi_h^g(z_0) = \varphi_h^f(z_0)$. 再考虑 $\Phi_h^{\breve{g}}(z_0) = z_1 = z_0 + h\displaystyle\int_0^1 \breve{g}(\xi z_1 + (1-\xi)z_0)\mathrm{d}\xi$, 我们有

$$z_1 - z_0 = h\int_0^1 f(\xi z_1 + (1-\xi)z_0)\mathrm{d}\xi + \mathcal{O}(h^3).$$

令 $\hat{z} := \dfrac{z_1 + z_0}{2}$, $f^{(q)} := f^{(q)}(\hat{z})$, $F := \displaystyle\int_0^1 f(\xi z_1 + (1-\xi)z_0)\mathrm{d}\xi$ 和 $\eta = \xi - \dfrac{1}{2}$. 我们有 $F = \displaystyle\int_{-\frac{1}{2}}^{\frac{1}{2}} f(\hat{z} + \eta(z_1 - z_0))\mathrm{d}\eta$. 并且对任意树 $\tau \in \mathcal{T}$, 有 $\displaystyle\int_0^1 F_f(\tau)(\xi z_1 + (1-\xi)z_0)\mathrm{d}\xi = \displaystyle\int_{-\frac{1}{2}}^{\frac{1}{2}} F_f(\tau)(\hat{z} + \eta(z_1 - z_0))\mathrm{d}\eta$. 考虑 $|\tau| = 1$ 的情形, 我们有 $\tau = \bullet$ 和

$$\int_0^1 F_f(\tau)(\xi z_1 + (1-\xi)z_0)\mathrm{d}\xi = \int_0^1 f(\xi z_1 + (1-\xi)z_0)\mathrm{d}\xi = F.$$

另外，我们还考虑 $\int_{-\frac{1}{2}}^{\frac{1}{2}} \eta \mathrm{d}\eta = \int_{-\frac{1}{2}}^{\frac{1}{2}} \eta^3 \mathrm{d}\eta = 0$, $\int_{-\frac{1}{2}}^{\frac{1}{2}} \eta^2 \mathrm{d}\eta = \frac{1}{12}$. 对于 $|\tau| = 3$ 的情形，我们有 $\tau = \begin{smallmatrix}\rangle\end{smallmatrix}$ 和

$$z_1 - z_0 = h \int_{-\frac{1}{2}}^{\frac{1}{2}} f(\hat{z} + \eta(z_1 - z_0)) \mathrm{d}\eta + \mathcal{O}(h^3) = hF + \mathcal{O}(h^3) \tag{4.9}$$

或者

$$z_1 - z_0 = h \int_{-\frac{1}{2}}^{\frac{1}{2}} [f(\hat{z}) + \eta f'(\hat{z})(z_1 - z_0) + \mathcal{O}(h^2)] \mathrm{d}\eta + \mathcal{O}(h^3)$$

$$= hf(\hat{z}) + \mathcal{O}(h^3) = hf + \mathcal{O}(h^3) \tag{4.10}$$

或者

$$z_1 - z_0 = \mathcal{O}(h). \tag{4.11}$$

因此

$$\int_{-\frac{1}{2}}^{\frac{1}{2}} F_f(\begin{smallmatrix}\rangle\end{smallmatrix})(\hat{z} + \eta(z_1 - z_0)) \mathrm{d}\eta$$

$$= \int_{-\frac{1}{2}}^{\frac{1}{2}} f'(\hat{z} + \eta(z_1 - z_0)) f'(\hat{z} + \eta(z_1 - z_0)) f(\hat{z} + \eta(z_1 - z_0)) \mathrm{d}\eta$$

$$= \int_{-\frac{1}{2}}^{\frac{1}{2}} [f'(\hat{z}) + \eta f''(\hat{z})(z_1 - z_0) + \frac{\eta^2}{2!} f'''(\hat{z})(z_1 - z_0, z_1 - z_0) +$$

$$\frac{\eta^3}{3!} f^{(4)}(\hat{z})(z_1 - z_0, z_1 - z_0, z_1 - z_0) + \mathcal{O}(h^4)] \cdot [f'(\hat{z}) + \eta f''(\hat{z})(z_1 - z_0) +$$

$$\frac{\eta^2}{2!} f'''(\hat{z})(z_1 - z_0, z_1 - z_0) + \frac{\eta^3}{3!} f^{(4)}(\hat{z})(z_1 - z_0, z_1 - z_0, z_1 - z_0) + \mathcal{O}(h^4)] \cdot$$

$$f(\hat{z} + \eta(z_1 - z_0)) \mathrm{d}\eta$$

$$= \int_{-\frac{1}{2}}^{\frac{1}{2}} \{f'(\hat{z}) f'(\hat{z}) f(\hat{z} + \eta(z_1 - z_0)) + f'(\hat{z})[\eta f''(\hat{z})(z_1 - z_0) +$$

$$\frac{\eta^2}{2!} f'''(\hat{z})(z_1 - z_0, z_1 - z_0) +$$

$$\frac{\eta^3}{3!} f^{(4)}(\hat{z})(z_1 - z_0, z_1 - z_0, z_1 - z_0)] \cdot [f(\hat{z}) + \eta f'(\hat{z})(z_1 - z_0) +$$

$$\frac{\eta^2}{2!}f''(\hat{z})(z_1-z_0,z_1-z_0)+\mathcal{O}(h^3)]+[\eta f''(\hat{z})(z_1-z_0)+\frac{\eta^2}{2!}f'''(\hat{z})(z_1-z_0,z_1-z_0)+$$

$$\frac{\eta^3}{3!}f^{(4)}(\hat{z})(z_1-z_0,z_1-z_0,z_1-z_0)]\cdot[f'(\hat{z})+\eta f''(\hat{z})(z_1-z_0)+$$

$$\frac{\eta^2}{2!}f'''(\hat{z})(z_1-z_0,z_1-z_0)+\frac{\eta^3}{3!}f^{(4)}(\hat{z})(z_1-z_0,z_1-z_0,z_1-z_0)]\cdot$$

$$[f(\hat{z})+\eta f'(\hat{z})(z_1-z_0)+\frac{\eta^2}{2!}f''(\hat{z})(z_1-z_0,z_1-z_0)+\mathcal{O}(h^3)]\}\mathrm{d}\eta+\mathcal{O}(h^4)$$

$$=f'(\hat{z})f'(\hat{z})\int_{-\frac{1}{2}}^{\frac{1}{2}}f(\hat{z}+\eta(z_1-z_0))\mathrm{d}\eta+\int_{-\frac{1}{2}}^{\frac{1}{2}}[\eta^2 f'(\hat{z})f''(\hat{z})(z_1-z_0,f'(\hat{z})(z_1-z_0))+$$

$$\frac{\eta^2}{2!}f'(\hat{z})f'''(\hat{z})(z_1-z_0,z_1-z_0,f(\hat{z}))+\eta^2 f''(\hat{z})(z_1-z_0,f'(\hat{z})f'(\hat{z})(z_1-z_0))+$$

$$\eta^2 f''(\hat{z})(z_1-z_0,f''(\hat{z})(z_1-z_0,f(\hat{z})))+$$

$$\frac{\eta^2}{2!}f'''(\hat{z})(z_1-z_0,z_1-z_0,f'(\hat{z})f(\hat{z}))]\mathrm{d}\eta+\mathcal{O}(h^4)$$

$$=f'f'F+\frac{h^2}{12}[f'f''(f'f,F)+f''(f'f'f,F)+f''(f''(f,f),F)+\frac{1}{2}f'f'''(f,f,F)+$$

$$\frac{1}{2}f'''(f'f,f,F)]+\mathcal{O}(h^4).$$

考虑 $|\tau|=5$ 的情形, 我们有

$$\int_{-\frac{1}{2}}^{\frac{1}{2}}F_f(\overset{\curlyvee}{\cdot})(\hat{z}+\eta(z_1-z_0))\mathrm{d}\eta$$

$$=\int_{-\frac{1}{2}}^{\frac{1}{2}}f'(\hat{z}+\eta(z_1-z_0))f'(\hat{z}+\eta(z_1-z_0))f'(\hat{z}+\eta(z_1-z_0))f'(\hat{z}+$$

$$\eta(z_1-z_0))f(\hat{z}+\eta(z_1-z_0))\mathrm{d}\eta$$

$$=\int_{-\frac{1}{2}}^{\frac{1}{2}}[f'(\hat{z})+\eta f''(\hat{z})(z_1-z_0)+\mathcal{O}(h^2)]\cdot[f'(\hat{z})+\eta f''(\hat{z})(z_1-z_0)+\mathcal{O}(h^2)]\cdot$$

$$[f'(\hat{z})+\eta f''(\hat{z})(z_1-z_0)+\mathcal{O}(h^2)]\cdot[f'(\hat{z})+\eta f''(\hat{z})(z_1-z_0)+\mathcal{O}(h^2)]\cdot$$

$$[f(\hat{z})+\eta f'(\hat{z})(z_1-z_0)+\mathcal{O}(h^2)]\mathrm{d}\eta$$

$$=\int_{-\frac{1}{2}}^{\frac{1}{2}}f'(\hat{z})f'(\hat{z})f'(\hat{z})f'(\hat{z})f(\hat{z}+\eta(z_1-z_0))\mathrm{d}\eta+\mathcal{O}(h^2)$$

$$= f'f'f'f'F + \mathcal{O}(h^2) := A(\,\text{<tree>}\,)F + \mathcal{O}(h^2),$$

其中系数矩阵 $A(\text{<tree>})$ 由 $f'f'f'f'F = A(\text{<tree>})F$ 定义. 同理, 我们可得

$$\int_{-\frac{1}{2}}^{\frac{1}{2}} F_f(\text{<tree>})(\hat{z} + \eta(z_1 - z_0))\mathrm{d}\eta = f''(f''(F,f),f) + \mathcal{O}(h^2) := A(\text{<tree>})F + \mathcal{O}(h^2),$$

$$\int_{-\frac{1}{2}}^{\frac{1}{2}} F_f(\text{<tree>})(\hat{z} + \eta(z_1 - z_0))\mathrm{d}\eta = f'f'f''(F,f) + \mathcal{O}(h^2) := A(\text{<tree>})F + \mathcal{O}(h^2),$$

$$\int_{-\frac{1}{2}}^{\frac{1}{2}} F_f(\text{<tree>})(\hat{z} + \eta(z_1 - z_0))\mathrm{d}\eta = f''(f'f'F,f) + \mathcal{O}(h^2) := A(\text{<tree>})F + \mathcal{O}(h^2),$$

$$\int_{-\frac{1}{2}}^{\frac{1}{2}} F_f(\text{<tree>})(\hat{z} + \eta(z_1 - z_0))\mathrm{d}\eta = f'f'''(F,f,f) + \mathcal{O}(h^2) := A(\text{<tree>})F + \mathcal{O}(h^2),$$

$$\int_{-\frac{1}{2}}^{\frac{1}{2}} F_f(\text{<tree>})(\hat{z} + \eta(z_1 - z_0))\mathrm{d}\eta = f'''(f'F,f,f) + \mathcal{O}(h^2) := A(\text{<tree>})F + \mathcal{O}(h^2),$$

$$\int_{-\frac{1}{2}}^{\frac{1}{2}} F_f(\text{<tree>})(\hat{z} + \eta(z_1 - z_0))\mathrm{d}\eta = f''(f'F,f'f) + \mathcal{O}(h^2) := A(\text{<tree>})F + \mathcal{O}(h^2),$$

$$\int_{-\frac{1}{2}}^{\frac{1}{2}} F_f(\text{<tree>})(\hat{z} + \eta(z_1 - z_0))\mathrm{d}\eta = f'f''(F,f'f) + \mathcal{O}(h^2) := A(\text{<tree>})F + \mathcal{O}(h^2).$$

再考虑 $f = F + \mathcal{O}(h^2)$, 因此我们有

$$\int_0^1 \breve{g}(\xi z_1 + (1-\xi)z_0))\mathrm{d}\xi$$

$$= \int_{-\frac{1}{2}}^{\frac{1}{2}} \breve{g}(\hat{z} + \eta(z_1 - z_0))\mathrm{d}\eta$$

$$= \left\{ I - \frac{h^2}{12}A(\text{<tree>}) - \frac{h^4}{720}[5A(\text{<tree>}) + 5A(\text{<tree>}) + 5A(\text{<tree>}) + \frac{5}{2}A(\text{<tree>}) + \frac{5}{2}A(\text{<tree>})] + \right.$$

$$\frac{h^4}{720}[6A(\text{<tree>}) + 4A(\text{<tree>}) + A(\text{<tree>}) + 4A(\text{<tree>}) + A(\text{<tree>}) + A(\text{<tree>}) + 3A(\text{<tree>}) +$$

$$\left. 8A(\text{<tree>})] \right\}F + \mathcal{O}(h^6)$$

$$= \left\{ I - \frac{h^2}{12}A(\text{↟}) + \frac{h^4}{720}[6A(\text{↟}) - A(\text{Ψ}) + A(\text{↟}) - A(\text{Ψ}) - \frac{3}{2}A(\text{Y}) - \frac{3}{2}A(\text{Ψ}) + \right.$$

$$\left. 3A(\text{Ψ}) + 3A(\text{Ψ})] \right\} F + \mathcal{O}(h^6).$$

最终, 我们可以得到六阶 AVF 方法

$$\Phi_h(z_0) = z_1 = c(\varnothing)z_0 + \left(\sum_{\tau \in \mathcal{T}} h^{|\tau|}c(\tau)A(\tau) \right) \int_0^1 f(\xi z_1 + (1-\xi)z_0))\mathrm{d}\xi$$

$$= z_0 + \left\{ hI - \frac{h^3}{12}A(\text{↟}) + \frac{h^5}{720}[6A(\text{↟}) - A(\text{Ψ}) + A(\text{↟}) - A(\text{Ψ}) - \right.$$

$$\left. \frac{3}{2}A(\text{Y}) - \frac{3}{2}A(\text{Ψ}) + 3A(\text{Ψ}) + 3A(\text{Ψ})] \right\} \int_0^1 f(\xi z_1 + (1-\xi)z_0))\mathrm{d}\xi,$$

$$(4.12)$$

其中 $A(\tau) = A(\tau)\left(\dfrac{z_1 + z_0}{2}\right)$ 为 $F = \displaystyle\int_0^1 f(\xi z_1 + (1-\xi)z_0))\mathrm{d}\xi$ 的系数矩阵, 且对于 $|\tau| \geqslant 6$ 的树, 有 $c(\tau) = 0$.

定理 4.2.3 六阶 AVF 方法 $\Phi_h(z_0)$ 满足

$$||\Phi_h(z_0) - \varphi_h^f(z_0)|| = \mathcal{O}(h^7).$$

证明 我们有

$$\Phi_h^{\breve{g}}(z_0) = \Phi_h(z_0) + \mathcal{O}(h^7), \quad \Phi_h^g(z_0) = \varphi_h^f(z_0),$$

因此可得

$$||\Phi_h(z_0) - \varphi_h^f(z_0)||$$

$$= ||\Phi_h(z_0) - \Phi_h^g(z_0)||$$

$$= ||(\Phi_h^{\breve{g}}(z_0) + \mathcal{O}(h^7)) - \Phi_h^g(z_0)||$$

$$= \left\| (z_1 - z_0) + h \int_{-1}^{1} [\breve{g}(\xi z_1 + (1-\xi)z_0)) - g(\xi z_1 + (1-\xi)z_0))]\mathrm{d}\xi + \mathcal{O}(h^7) \right\|$$

$$= \mathcal{O}(h^7).$$

$\square$

定理 4.2.4　设常微分方程(4.3)是一个哈密尔顿系统(1.1), 则六阶 AVF 方法 $\Phi_h(z_0)$ 可以保持系统离散能量, 即满足

$$\frac{1}{h}(H(z_1) - H(z_0)) = 0.$$

证明　系统(4.3)可以改写为哈密尔顿形式:

$$\dot{z} = f(z) = S\nabla H(z),$$

其中 S 为常系数反对称矩阵, H 是哈密尔顿函数. 于是六阶 AVF 方法(4.12)可以改写为

$$\frac{z_1 - z_0}{h} = \tilde{S}\int_0^1 \nabla H(\xi z_1 + (1-\xi)z_0))\mathrm{d}\xi, \tag{4.13}$$

其中

$$\tilde{S} = \Big\{ I - \frac{h^2}{12}A(\curlywedge) + \frac{h^4}{720}[6A(\curlywedge) - A(\curlyvee) + A(\curlywedge) - A(\curlyvee) -$$

$$\frac{3}{2}A(\curlyvee) - \frac{3}{2}A(\curlyvee) + 3A(\curlyvee) + 3A(\curlyvee)] \Big\} S$$

是一个反对称矩阵, 这是因为

$$IS = S, \quad A(\curlywedge)S = SHSHS, \quad A(\curlywedge)S = SHSHSHSHS, \quad A(\curlyvee)S = STSTS,$$

$$A(\curlyvee)S = SHSHSTS, \quad A(\curlyvee)S = STSHSHS, \quad A(\curlyvee)S = SHSLS,$$

$$A(\curlyvee)S = SLSHS, \quad A(\curlyvee)S = SRSHS, \quad A(\curlyvee)S = SHSRS,$$

其中 $\mathcal{H}(z)$, $\mathcal{T}(z)$, $\mathcal{L}(z)$ 和 $\mathcal{R}(z)$ 都是对称矩阵, 定义为

$$\mathcal{H}_{ij} := \frac{\partial^2 H}{\partial z_i \partial z_j}, \quad \mathcal{T}_{ij} := \frac{\partial^3 H}{\partial z_i \partial z_j \partial z_k}S^{kl}\frac{\partial H}{\partial z_l},$$

$$\mathcal{L}_{ij} := \frac{\partial^4 H}{\partial z_i \partial z_j \partial z_k \partial z_l}S^{km}\frac{\partial H}{\partial z_m}S^{ln}\frac{\partial H}{\partial z_n}, \quad \mathcal{R}_{ij} := \frac{\partial^3 H}{\partial z_i \partial z_j \partial z_k}S^{kl}\frac{\partial^2 H}{\partial z_l \partial z_m}S^{mn}\frac{\partial H}{\partial z_n},$$

并且还要考虑

$$(SHSHSTS - STSHSHS)^{\mathrm{T}}$$

$$= STSHSHS - SHSHSTS = -(SHSHSTS - STSHSHS),$$

$$(SHSLS + SLSHS)^{\mathrm{T}} = -SLSHS - SHSLS = -(SHSLS + SLSHS),$$

$$(SRSHS + SHSRS)^{\mathrm{T}} = -SHSRS - SRSHS = -(SRSHS + SHSRS).$$

因此 $\tilde{S}$ 也是一个反对称矩阵, 并且哈密尔顿能量函数 H 每一步都保持不变:

$$\frac{1}{h}(H(z_1) - H(z_0))$$

$$= \frac{1}{h}\int_0^1 \frac{\mathrm{d}}{\mathrm{d}\xi} H(\xi z_1 + (1-\xi)z_0)\mathrm{d}\xi$$

$$= \left(\int_0^1 \nabla H(\xi z_1 + (1-\xi)z_0)\mathrm{d}\xi\right)^{\mathrm{T}} \left(\frac{z_1 - z_0}{h}\right)$$

$$= \left(\int_0^1 \nabla H(\xi z_1 + (1-\xi)z_0)\mathrm{d}\xi\right)^{\mathrm{T}} \tilde{S}\int_0^1 \nabla H(\xi z_1 + (1-\xi)z_0)\mathrm{d}\xi = 0.$$

$\square$

注记 4.2.1 同理, 我们还可以得到五阶 AVF 方法

$$\tilde{\Phi}_h(z_0) = z_1$$

$$= z_0 + \left\{hI - \frac{h^3}{12}A(\text{↓}) - \frac{h^4}{24}[A(\text{Ⓥ}) + A(\text{Ⓨ})] + \frac{h^5}{720}[6A(\text{↓}) - 16A(\text{Ⓥ}) + A(\text{↓}) - \right.$$

$$\left. 16A(\text{Ⓥ}) - 9A(\text{Ⓨ}) - 9A(\text{Ⓥ}) + 3A(\text{Ⓥ}) - 12A(\text{Ⓨ})]\right\} \int_0^1 f(\xi z_1 + (1-\xi)z_0))\mathrm{d}\xi,$$

$$(4.14)$$

其中 $A(\tau) = A(\tau)(z_0)$ 为 $F = \displaystyle\int_0^1 f(\xi z_1 + (1-\xi)z_0))\mathrm{d}\xi$ 的系数矩阵. 这个方法是五阶的但不能保持哈密尔顿能量, 因为在把 $F_f(\tau)(\xi z_1 + (1-\xi)z_0)$ 在 $z = z_0$ 处进行 Taylor 展开时, 我们发现关于 F 的总系数矩阵 $\tilde{S}$ 并不是一个反对称矩阵.

注记 4.2.2 如果在式(4.12)中去掉包含 h^5 的项, 那么方法

$$z_1 = z_0 + \left(hI - \frac{h^3}{12}A(\text{↓})\right) \int_0^1 f(\xi z_1 + (1-\xi)z_0))\mathrm{d}\xi$$

就是四阶 AVF 方法(1.3)[31], 其中 $A(\text{↓})$ 由式(4.12)给出.

注记 4.2.3 若对于方法 $z_1 = \Phi_h(z_0)$, 交换 $z_0 \longleftrightarrow z_1$ 和 $h \longleftrightarrow -h$ 所得到的方法和原方法一样, 则称这个方法为对称方法[4]. 在六阶 AVF 方法(4.12) 中, 令 $\eta = 1 - \xi$, 我们有

$$\int_0^1 f(\eta z_1 + (1-\eta)z_0)\mathrm{d}\eta = \int_0^1 f(\xi z_0 + (1-\xi)z_1)\mathrm{d}\xi. \tag{4.15}$$

因此我们知道六阶 AVF 方法(4.12)是一个对称方法.

4.3 数值实验

我们通过一些数值实验来测试六阶 AVF 方法的精度阶和能量守恒特性.

我们定义在 $t = t_j$ 处的相对能量误差为

$$RH_j = \frac{|H_j - H_0|}{|H_0|},$$

其中 H_j 是在 $t = t_j$, $j = 0, 1, \cdots, N$ 处的哈密尔顿能量.

我们定义在 $t = t_N$ 处的解误差为

$$\mathrm{error}(h) = \|z_N - z(t_N)\|_\infty,$$

其中 h 是时间步长.

我们定义

$$\mathrm{order} = \log_2\left(\frac{\mathrm{error}(h)}{\mathrm{error}(h/2)}\right),$$

并且, 如果一个格式满足

$$\frac{\mathrm{error}(h)}{\mathrm{error}(h/2)} \approx 2^p \ (h \to 0),$$

那么这个格式就是具有 p 阶精度的.

4.3.1 数值实验 1: 精度测试

首先, 我们考虑一个非线性哈密尔顿系统

$$\dot{z} = J^{-1}\nabla H, \quad H(z) = \frac{1}{4}(p^2 + q^2)^2, \tag{4.16}$$

$$z = \begin{pmatrix} p \\ q \end{pmatrix}, \quad z_0 = \begin{pmatrix} 1 \\ 0 \end{pmatrix}, \quad J = \begin{pmatrix} 0 & 1 \\ -1 & 0 \end{pmatrix},$$

其精确解为

$$p(t) = \cos(t),$$

$$q(t) = \sin(t).$$

我们可以得到初值问题(4.16)的六阶 AVF 方法

$$\begin{pmatrix} p_1 \\ q_1 \end{pmatrix} = \begin{pmatrix} p_0 \\ q_0 \end{pmatrix} + \left\{ hI - \frac{h^3}{12}A(\,\cdot\,) + \frac{h^5}{720}[6A(\,\cdot\,) - A(\,\cdot\,) + A(\,\cdot\,) - \right.$$

$$\left. A(\,\cdot\,) - \frac{3}{2}A(\,\cdot\,) - \frac{3}{2}A(\,\cdot\,) + 3A(\,\cdot\,) + 3A(\,\cdot\,)] \right\} F,$$

其中 $A(\tau) = A(\tau)\left(\dfrac{z_1 + z_0}{2}\right)$ 为 $F = \displaystyle\int_0^1 f(\xi z_1 + (1-\xi)z_0))\mathrm{d}\xi$ 的系数矩阵, 且

$$F = \begin{pmatrix} F^1 \\ F^2 \end{pmatrix}$$

$$= \begin{pmatrix} \displaystyle\int_0^1 f^1(\xi z_1 + (1-\xi)z_0))\mathrm{d}\xi \\ \displaystyle\int_0^1 f^2(\xi z_1 + (1-\xi)z_0))\mathrm{d}\xi \end{pmatrix}$$

$$= \begin{pmatrix} -\dfrac{1}{6}\left[H_q(z_1) + 4H_q\left(\dfrac{z_1 + z_0}{2}\right) + H_q(z_0) \right] \\ \dfrac{1}{6}\left[H_p(z_1) + 4H_p\left(\dfrac{z_1 + z_0}{2}\right) + H_p(z_0) \right] \end{pmatrix}.$$

我们用六阶 AVF 方法 (AVF6) 和取系数 $\nu = 1/10$ 的六阶 Runge-Kutta 方法 (RK6)[82] 对该问题进行长时间计算, 计算到时间 $t = 4\,000$. 表 4.2表示取不同的步长, 六阶 AVF 方法的精度阶. 我们可以看到, 该方法是 6 阶精度的, 这与定理 4.2.3 相符.

图 4.1和图 4.2分别表示从 $t = 0$ 计算到 $t = 4\,000$, 用六阶 AVF 方法和六阶 RK 方法计算得到的数值解. 从图 4.1(a) 和图 4.2(a) 我们可以看出, 六阶 AVF 方法的解误差是线性增长的, 且要比六阶 RK 方法的小. 由解误差是线性增长的以及表 4.2, 可知存在一个常数 C 使得 $||z_j - z(t_j)||_\infty \leqslant Ct_jh^p$ 对 $j = 0, 1, \cdots, N$ 都成立, 其中 $p = 6$ 是六阶 AVF 方法的阶. 图 4.1(b) 和图 4.2(b) 分别表示两个方法解的相对能量误差. 和六阶 RK 方法相比, 在长时间计算中, 六阶 AVF 方法可以保持系统哈密尔顿能量达到舍入误差, 这与定理 4.2.4相符. 相对能量误差看起来呈现出缓慢线性增长的趋势, 这是因为每步都会引入迭代误差.

表 4.2   取不同的步长 $(h_1 = 0.2, h_2 = 0.1, h_3 = 0.05, h_4 = 0.025, h_5 = 0.012\,5)$, 六阶 AVF 方法的精度阶

Order	$\log_2\left(\dfrac{\text{error}(h_1)}{\text{error}(h_2)}\right)$	$\log_2\left(\dfrac{\text{error}(h_2)}{\text{error}(h_3)}\right)$	$\log_2\left(\dfrac{\text{error}(h_3)}{\text{error}(h_4)}\right)$	$\log_2\left(\dfrac{\text{error}(h_4)}{\text{error}(h_5)}\right)$
$t = 1$	5.945 3	5.986 4	5.996 6	5.998 7
$t = 2$	5.945 3	5.986 4	5.996 6	5.999 1
$t = 3$	5.945 3	5.986 4	5.996 6	5.998 4
$t = 4$	5.945 2	5.986 4	5.996 6	5.998 2
$t = 5$	5.945 3	5.986 4	5.996 6	5.998 5
$t = 200$	5.945 9	5.986 4	5.998 5	5.986 9
$t=4\,000$	5.943 6	5.984 8	6.029 5	5.976 1

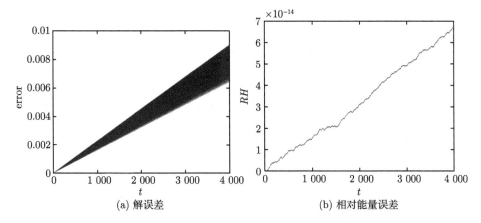

(a) 解误差   (b) 相对能量误差

图 4.1   用六阶 AVF 方法求解数值实验 1, 步长取 $h = 0.16$

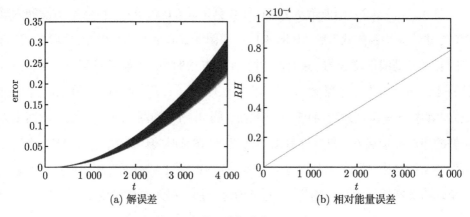

(a) 解误差   (b) 相对能量误差

图 4.2 用六阶 RK 方法求解数值实验 1, 步长取 $h = 0.16$

4.3.2 数值实验 2: Hénon-Heiles 系统

其次, 我们考虑 Hénon-Heiles 系统

$$\dot{z} = J\nabla H, \quad H(z) = \frac{1}{2}(q_1^2 + q_2^2 + p_1^2 + p_2^2) + q_1^2 q_2 - \frac{1}{3}q_2^3, \tag{4.17}$$

$$z = \begin{pmatrix} q_1 \\ q_2 \\ p_1 \\ p_2 \end{pmatrix}, \quad z_0 = \begin{pmatrix} 0.1 \\ -0.5 \\ 0 \\ 0 \end{pmatrix}, \quad J = \begin{pmatrix} 0 & 0 & 1 & 0 \\ 0 & 0 & 0 & 1 \\ -1 & 0 & 0 & 0 \\ 0 & -1 & 0 & 0 \end{pmatrix}.$$

Hénon-Heiles 系统具有严格能量值 $E_c = 16$, 这个能量值决定了解的轨道是否有界, 即若解的能量小于等于 E_c, 则解会在一个严格三角区域里, 若大于 E_c, 则解无界 (见文献 [83]). 这里, 我们取初始空间坐标 (q_1, q_2) 在严格三角区域的边界上, 且系统(4.18)的能量就是 E_c(见文献 [31]).

我们取步长为 $h = 0.4$, 分别用六阶 AVF 方法 (见图 4.3) 和六阶 RK 方法 (见图 4.4) 进行求解. 由图 4.3我们可以看到在长时间计算中, 六阶 AVF 方法的解能够精确保持系统能量 E_c, 并且解轨道一直在严格三角区域内部. 由图 4.4我们可以看到, 六阶 RK 方法的解不能保持系统能量 E_c, 并且在时间 $t = 1\,366$ 之后, 解跑出了三角区域.

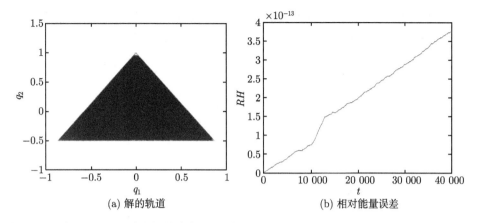

图 4.3　用六阶 AVF 方法求解数值实验 2, 步长取 $h = 0.4$, 时间从 $t = 0$ 计算到 $t = 40\,000$

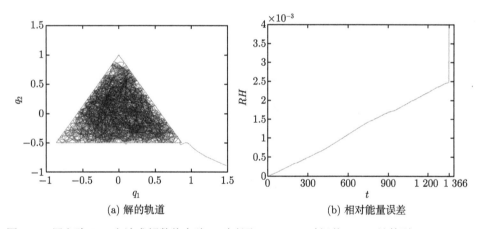

图 4.4　用六阶 RK 方法求解数值实验 2, 步长取 $h = 0.4$, 时间从 $t = 0$ 计算到 $t = 40\,000$

4.3.3　数值实验 3: Kepler 问题

最后, 我们考虑一个非多项式哈密尔顿系统, Kepler 问题如下:

$$\dot{z} = J^{-1} \nabla H, \quad H(z) = \frac{1}{2}(p_1^2 + p_2^2) - \frac{1}{\sqrt{q_1^2 + q_2^2}}, \tag{4.18}$$

$$z = \begin{pmatrix} p_1 \\ p_2 \\ q_1 \\ q_2 \end{pmatrix}, \quad z_0 = \begin{pmatrix} 0 \\ 2 \\ 0.4 \\ 0 \end{pmatrix}, \quad J = \begin{pmatrix} 0 & 0 & 1 & 0 \\ 0 & 0 & 0 & 1 \\ -1 & 0 & 0 & 0 \\ 0 & -1 & 0 & 0 \end{pmatrix}.$$

取步长 $h = 0.1$, 从 $t = 0$ 计算到 $t = 5\,000$, 我们分别用六阶 AVF 方法和六阶 RK 方法进行求解. 我们用 9 阶 Gauss 积分来计算积分项 $\int_0^1 f(\xi z_1 + (1-\xi) z_0)) \mathrm{d}\xi$. 图 4.5表明两个方法数值解的相对能量误差. 从图 4.5(a) 中我们看到, 积分项的数值误差达到了舍入误差, 并且六阶 AVF 方法可以长时间保持系统能量. 我们可以认为, 在利用高阶 Gauss 积分计算积分项的情况下, 该方法可以保持非多项式哈密尔顿系统能量达到舍入误差.

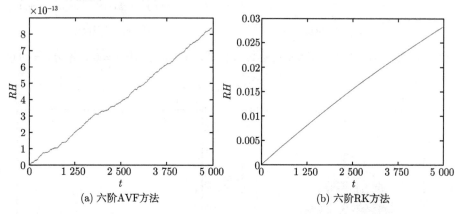

(a) 六阶AVF方法   (b) 六阶RK方法

图 4.5   取步长 $h = 0.1$, 从 $t = 0$ 计算到 $t = 5\,000$, 数值实验 3 的数值解的相对能量误差

4.4 结   论

在本章中, 我们给出了五阶树的代入规则的具体公式. 基于新得到的代入规则及 B-级数理论, 我们把二阶 AVF 方法提高到了六阶精度. 这种把一个低阶 B-级数积分子提高到高阶的方法, 同样可以很容易应用到其他 B-级数方法中. 我们证明了新方法具有六阶精度, 并且可以保持哈密尔顿系统能量. 在文献 [29] 中, Faou 等人给出了 B-级数方法保能量的条件. 我们这个六阶 AVF 方法就是一个六阶的实例. 我们利用六阶 AVF 方法求解了非线性哈密尔顿系统, 并测试了其精度和能量守恒特性, 且数值结果非常符合前面的理论.

第 5 章 非线性薛定谔方程的平均向量场谱元法

虽然关于常微分哈密尔顿系统的理论和算法已经有很多了 [3,5,7,45-46]，但是在将这些方法推广到偏微分哈密尔顿系统时，还是有一些困难的. 处理偏微分哈密尔顿系统的主要方法是保结构线方法. 保结构线方法是指，对于一个哈密尔顿偏微分方程，首先对它进行空间离散，得到一个常微分哈密尔顿方程组，其次用一个保结构方法对这个常微分哈密尔顿系统进行求解，最后就可以得到原偏微分哈密尔顿系统的一个保结构算法. 利用保结构线方法处理偏微分哈密尔顿方程的关键在于，要确保空间半离散之后，得到的常微分方程组还是一个哈密尔顿系统. 基于上述保结构线方法的数值方法，空间半离散时采用的方法包括有限差分方法 [13,15] 和谱配置法 [8-9,47].

然而，基于哈密尔顿系统弱形式的保结构线方法却很少，因此我们考虑在利用线方法处理哈密尔顿偏微分方程时，是否可以在进行空间半离散的时候，用一个基于其弱形式的数值方法进行空间半离散. 在基于系统弱形式的数值方法中，谱元法同时具有谱方法的高精度的优点和有限元方法的几何灵活性，由 Patera[60] 在数值求解不可压 Navier-Stokes 方程时首次提出. 与人们常用的有限差分方法和谱配置法相比，谱元法对方程解的光滑性的要求更低. 谱元法采用的基函数是基于 Gauss-Lobatto 配置点的分段拉格朗日多项式基函数. 谱元法已经广泛应用于求解各种问题，如 Black-Scholes 方程[51]、Klein-Gordon 方程[55]、弹性波问题[56]、声波问题[57]、地震波问题[58]、移动边界问题[59]、不可压 Navier-Stokes 方程 [61-62]、Maxwell 方程[63]、浅水波方程[64]、Helmholtz 方程[65]、P_N 中子迁移方程[66]、向量辐射传输方程[67]、捕食系统[68] 等. 无疑，对于求解非线性薛定谔方程(1.5)，我们希望找到一个合适的谱元法进行空间半离散，要求得到的半离散常微分方程组是一个哈密尔顿系统.

在本章，我们采用基于 Legendre-Gauss-Lobatto 配置点的谱元法，即勒让德谱元法, 对非线性薛定谔方程(1.5)进行空间半离散, 然后把得到的常微分方程组写成一个有限维典则哈密尔顿系统. 这个系统的刚度矩阵是稀疏的, 质量矩阵是对角阵, 这意味着得到的数值格式的计算速度比传统的勒让德谱方法要快. 我们再用 AVF 方法(1.2)对所得的常微分哈密尔顿系统进行求解, 就可以得到非线性薛定谔方程的一个新的数值格式[84]. 这个格式是对称的、无条件线性稳定的和保哈密尔顿能量的. 误差估计表明空间精度是谱精度. 我们知道, 在没有数值解离散 L^∞ 范数有界的条件下, 误差估计是很难得到的. 为了克服这个困难, 我们运用的技巧是, 定义一个 cut-off 函数来引入原格式, 并证明相应的修改格式和原格式是等价的[85].

5.1 非线性薛定谔方程的勒让德谱元法

5.1.1 勒让德基本基函数和积分公式

记勒让德多项式为 $L_j(\xi)$, $j \geqslant 0$, $\xi \in [-1, 1]$, 用下面的三项递归关系式定义(1.2):

$$L_0(\xi) = 1, \quad L_1(\xi) = \xi,$$

$$(j + 1)L_{j+1}(\xi) = (2j + 1)\xi L_j(\xi) - jL_{j-1}(\xi).$$

勒让德多项式是正交的:

$$\int_{-1}^{1} L_k(\xi)L_j(\xi)\mathrm{d}\xi = \frac{1}{k + \frac{1}{2}}\delta_{kj}, \quad \forall k, j \geqslant 0,$$

其中 δ_{kj} 是 Kronecker 符号. 它们的一阶和二阶导数为

$$L_j'(\xi) = \frac{2j - 1}{j}(L_{j-1}(\xi) + \xi L_{j-1}'(\xi)) - \frac{j - 1}{j}L_{j-2}'(\xi)$$

和

$$L_j''(\xi) = \frac{2j - 1}{j}(2L_{j-1}'(\xi) + \xi L_{j-1}''(\xi)) - \frac{j - 1}{j}L_{j-2}''(\xi),$$

其中 $L_0'(\xi) = L_0''(\xi) = L_1''(\xi) = 0$ 和 $L_1'(\xi) = 1$.

令 $-1 = \xi_0 < \xi_1 < \cdots < \xi_N = 1$ 为 $(1-\xi^2)L'_N(\xi)$, $N \geqslant 1$ 的零点,
则 $\xi_0, \cdots, \xi_N$ 称为 Legendre-Gauss-Lobatto 配置点, 相应的 Legendre-Gauss-Lobatto 权重系数为

$$\omega_j = \frac{2}{N(N+1)(L_N(\xi_j))^2}, \quad 0 \leqslant j \leqslant N.$$

勒让德基本基函数的定义为[64]

$$h_j(\xi) = \frac{-(1-\xi)^2 L'_N(\xi)}{N(N+1)L_N(\xi_j)(\xi - \xi_j)}, \quad 0 \leqslant j \leqslant N, \tag{5.1}$$

它们可以改写为 Lagrange 多项式函数的形式

$$h_j(\xi) = \prod_{\substack{k=0 \\ k \neq j}}^{N} \left(\frac{\xi - \xi_k}{\xi_j - \xi_k} \right), \tag{5.2}$$

它们的导数为

$$\frac{\mathrm{d}h_j}{\mathrm{d}\xi}(\xi) = \sum_{\substack{l=0 \\ l \neq j}}^{N} \prod_{\substack{k=0 \\ k \neq j}}^{N} \left(\frac{1}{\xi_j - \xi_l} \right) \cdot \left(\frac{\xi - \xi_k}{\xi_j - \xi_k} \right), \tag{5.3}$$

其中 ξ_j, ξ_k, ξ_l 为 Legendre-Gauss-Lobatto 配置点.

为了在后面定义离散范数 $\| \cdot \|_{D_k}$, 我们考虑合适的求积公式. 令 P_N 为全部阶小于等于 N 的多项式函数构成的空间. 考虑到定义在后面的基函数的导数可能在元的边界点上不连续, 我们记

$$C^*(a,b) = \{u \in C(a,b) : \lim_{x \longrightarrow a^+} u(x), \lim_{x \longrightarrow b^-} u(x) < +\infty\}, \quad \forall a < b. \tag{5.4}$$

对任意 $u \in C^*(a,b)$, 我们记 $u(a^+) = \lim\limits_{x \longrightarrow a^+} u(x)$, $u(b^-) = \lim\limits_{x \longrightarrow b^-} u(x)$. Legendre-Gauss-Lobatto 求积公式可以写为

$$\sum_{j=0}^{N} p(\xi_j)\omega_j = \int_{-1}^{1} p(\xi)\mathrm{d}\xi, \quad \forall p \in P_{2N-1}(-1,1), \tag{5.5}$$

其中 $\xi_0, \cdots, \xi_N$ 和 $\omega_0, \cdots, \omega_N$ 分别为在 $[-1,1]$ 上的 Legendre-Gauss-Lobatto(配置) 点和 (求积) 权重系数, 且 $p((-1)^+) = \lim\limits_{x \longrightarrow (-1)^+} p(x) = p(-1)$, $p(1^+) = \lim\limits_{x \longrightarrow 1^-} p(x) = p(1)$.

5.1.2 空间离散

令 $H^1_*(\Omega) = \{u \in H^1(\Omega) : u(x + L) = u(x)\}$. 对任意 $u, v \in L^2(\Omega)$, 我们记 $(u, v)_\Omega = (u, v) = \int_\Omega uv \mathrm{d}x$, $\|u\|_\Omega = (u, u)^{\frac{1}{2}}_\Omega$. 系统(1.6)~(1.7)的弱形式为: 求 $p, q \in H^1_*(\Omega)$, 使得对任意 $v, w \in H^1_*(\Omega)$,

$$(p_t, v) - (q_x, v_x) + \alpha((p^2 + q^2)q, v) = 0, \tag{5.6}$$

$$(q_t, w) + (p_x, w_x) - \alpha((p^2 + q^2)p, w) = 0, \tag{5.7}$$

$p(x, 0) = p_0(x), q(x, 0) = q_0(x)$. 我们把空间 Ω 划分为 $K + 1$ 个不重叠的子区间(也叫元)$\Omega_k = (x^k_L, x^k_R)$, $k = 0, \cdots, K$, $K \geqslant 1$, 这些子区间满足

$$x_L = x^0_L < x^0_R = x^1_L < x^1_R = x^2_L < \cdots < x^{K-2}_R = x^{K-1}_L < x^{K-1}_R = x^K_L < x^K_R = x_R.$$

令 $\Delta x_k = x^k_R - x^k_L$ 为第 k 个元的长度, 令 $\Delta x = \max\limits_{0 \leqslant k \leqslant K} \Delta x_k$. 我们定义变换 Λ_k 为

$$x = \Lambda_k(\xi) = \frac{\Delta x_k}{2}(\xi + 1) + x^k_L, \quad k = 0, \cdots, K. \tag{5.8}$$

令 $x^k_0, \cdots, x^k_N$ 为闭区间 $\bar{\Omega}_k = [x^k_L, x^k_R]$ 上的配置点, 要求满足 $x^k_j = \Lambda_k(\xi_j)$, $j = 0, \cdots, N$, $k = 0, \cdots, K$. 对任意 $u, v \in L^2(\Omega_k)$, 我们记

$$(u, v)_{\Omega_k} = \int_{\Omega_k} uv \mathrm{d}x, \quad \|u\|_{\Omega_k} = (u, u)^{\frac{1}{2}}_{\Omega_k}.$$

对任意 $u, v \in C^*(\Omega_k)$, $\hat{u}, \hat{v} \in \bigcup\limits_{k=0}^{K} C^*(\Omega_k)$, 我们记

$$(u, v)_{D_k} = \frac{\Delta x_k}{2}\left(\sum_{j=1}^{N-1} u(x^k_j)v(x^k_j)\omega_j + u(x^{k,+}_0)v(x^{k,+}_0)\omega_0 + u(x^{k,-}_N)v(x^{k,-}_N)\omega_N\right),$$

$$\|u\|_{D_k} = (u, u)^{\frac{1}{2}}_{D_k}, \quad (\hat{u}, \hat{v})_D = \sum_{k=0}^{K}(\hat{u}, \hat{v})_{D_k}, \quad \|\hat{u}\|_D = (\hat{u}, \hat{u})^{\frac{1}{2}}_D,$$

$\|\cdot\|_D$ 称为离散的 L^2 范数.

记 $\mathcal{N}$ 为离散参数 (N, K) 的集合. 我们定义分段多项式空间为

$$S_{\mathcal{N}} = \{u : u|_{\Omega_k} \in P_N(\Omega_k), k = 0, \cdots, K\}.$$

数值解空间 $X_{\mathcal{N}}$ 的定义为

$$X_{\mathcal{N}} = \{u \in C(\Omega) : u|_{\Omega_k} \in P_N(\Omega_k), k = 0, \cdots, K, \ u(x_L) = u(x_R)\}.$$

系统(5.6)~(5.7)的勒让德谱元法为: 求 $p_c, q_c \in X_{\mathcal{N}}$, 使得

$$(\partial_t p_c, \Phi_1)_D - (\partial_x q_c, \partial_x \Phi_1)_D + \alpha((p_c^2 + q_c^2)q_c, \Phi_1)_D = 0, \quad \forall \Phi_1 \in X_{\mathcal{N}}, \qquad (5.9)$$

$$(\partial_t q_c, \Phi_2)_D + (\partial_x p_c, \partial_x \Phi_2)_D - \alpha((p_c^2 + q_c^2)p_c, \Phi_2)_D = 0, \quad \forall \Phi_2 \in X_{\mathcal{N}}, \qquad (5.10)$$

初始条件为 $p_c(x_j^k, t_0) = p(x_j^k, t_0), q_c(x_j^k, t_0) = q(x_j^k, t_0), j = 0, \cdots, N, 0 \leqslant k \leqslant K$.

5.1.3　有限维哈密尔顿系统

对任意 $0 \leqslant j \leqslant N, 0 \leqslant k \leqslant K, 1 \leqslant l \leqslant N-1, 1 \leqslant \nu \leqslant K$, 我们定义基函数为

$$\tilde{\phi}_j^k(x) = \prod_{\substack{l=0 \\ l \neq j}}^{N} \left(\frac{x - x_l^k}{x_j^k - x_l^k} \right), \quad x \in \bar{\Omega}_k, \quad \phi_l^k(x) = \begin{cases} \tilde{\phi}_l^k(x), & x \in \bar{\Omega}_k, \\ 0, & \text{其他}, \end{cases} \qquad (5.11)$$

$$\phi_*^0(x) = \begin{cases} \tilde{\phi}_0^0(x), & x \in \bar{\Omega}_0, \\ \tilde{\phi}_N^K(x), & x \in \bar{\Omega}_K, \\ 0, & \text{其他}, \end{cases} \quad \phi_*^\nu(x) = \begin{cases} \tilde{\phi}_N^{\nu-1}(x), & x \in \bar{\Omega}_{\nu-1}, \\ \tilde{\phi}_0^\nu(x), & x \in (x_0^\nu, x_N^\nu], \\ 0, & \text{其他}. \end{cases} \qquad (5.12)$$

我们令

$$p_c = \sum_{k=0}^{K} \sum_{j=1}^{N-1} p_j^k(t)\phi_j^k(x) + \sum_{k=0}^{K} p_0^k(t)\phi_*^k(x), \qquad (5.13\text{a})$$

$$q_c = \sum_{k=0}^{K} \sum_{j=1}^{N-1} q_j^k(t)\phi_j^k(x) + \sum_{k=0}^{K} q_0^k(t)\phi_*^k(x), \qquad (5.13\text{b})$$

其中 $p_c, q_c \in X_{\mathcal{N}}$, $p_c(x_j^k) = p_j^k(t), q_c(x_j^k) = q_j^k(t), j = 0, \cdots, N-1, 0 \leqslant k \leqslant K$, $p_c(x_N^K) = p_0^0(t), q_c(x_N^K) = q_0^0(t)$.

我们记 $p_N^K = p_0^0$, $p_N^\nu = p_0^{\nu+1}$, $q_N^K = q_0^0$, $q_N^\nu = q_0^{\nu+1}$, $\nu = 0, \cdots, K-1$. 对任意 $0 \leqslant l \leqslant N, 0 \leqslant k \leqslant K$, 我们记

$$M_{lj}^k = \frac{\Delta x_k}{2} \sum_{m=0}^{N} \phi_j^k(x_m^k)\phi_l^k(x_m^k)\omega_m = \frac{\Delta x_k}{2}\delta_{lj}\omega_l,$$

$$S_{lj}^k = \frac{\Delta x_k}{2} \sum_{m=0}^{N} \frac{\mathrm{d}\phi_j^k}{\mathrm{d}x}(x_m^k)\frac{\mathrm{d}\phi_l^k}{\mathrm{d}x}(x_m^k)\omega_m = \frac{2}{\Delta x_k} \sum_{m=0}^{N} \frac{\mathrm{d}h_j}{\mathrm{d}\xi}(\xi_m)\frac{\mathrm{d}h_l}{\mathrm{d}\xi}(\xi_m)\omega_m,$$

$$f_l^k = \frac{\Delta x_k}{2} \sum_{m=0}^{N} (p_c(x_m^k)^2 + q_c(x_m^k)^2)q_c(x_m^k)\phi_l^k(x_m^k)\omega_m = ((p_l^k)^2 + (q_l^k)^2)(q_l^k)M_{ll}^k,$$

$$g_l^k = \frac{\Delta x_k}{2} \sum_{m=0}^{N} (p_c(x_m^k)^2 + q_c(x_m^k)^2)p_c(x_m^k)\phi_l^k(x_m^k)\omega_m = ((p_l^k)^2 + (q_l^k)^2)(p_l^k)M_{ll}^k,$$

其中 $h_j(\xi)$ 为勒让德基本基函数, 定义见式(5.2), $\dfrac{\mathrm{d}h_j}{\mathrm{d}\xi}(\xi)$ 为它们的导数, 定义见式(5.3).

因此, 对任意 $1 \leqslant j, l \leqslant N-1, 0 \leqslant k, \nu \leqslant K$, 我们有

$$\begin{aligned}
(\phi_j^\nu, \phi_l^k)_D &= \sum_{m=0}^{K} (\phi_j^\nu, \phi_l^k)_{D_m} \\
&= \sum_{n=0}^{K} \frac{\Delta x_n}{2} \sum_{m=0}^{N} \phi_l^\nu(x_m^n)\phi_j^k(x_m^n)\omega_m \\
&= \frac{\Delta x_k}{2}\delta_{\nu k}\delta_{lj}\omega_l = \delta_{\nu k}M_{lj}^k, \\
(\partial_x\phi_j^\nu, \partial_x\phi_l^k)_D &= \sum_{m=0}^{K} (\partial_x\phi_j^\nu, \partial_x\phi_l^k)_{D_m} \\
&= \frac{\Delta x_k}{2}\delta_{\nu k} \sum_{m=0}^{N} \frac{\mathrm{d}\phi_j^k}{\mathrm{d}x}(x_m^k)\frac{\mathrm{d}\phi_l^k}{\mathrm{d}x}(x_m^k)\omega_m \\
&= \delta_{\nu k}S_{lj}^k.
\end{aligned}$$

同理, 对任意 $1 \leqslant j, l \leqslant N-1, 1 \leqslant k, \nu \leqslant K$, 我们有

$$(\phi_j^0, \phi_*^0)_D = 0, \quad (\phi_j^\nu, \phi_*^0)_D = 0, \quad (\phi_*^0, \phi_*^0)_D = M_{NN}^K + M_{00}^0, \quad (\phi_*^\nu, \phi_*^0)_D = 0,$$

$(\partial_x \phi_j^0, \partial_x \phi_*^0)_D = S_{0j}^0, \quad (\partial_x \phi_j^\nu, \partial_x \phi_*^0)_D = \delta_{\nu K} S_{Nj}^K,$

$(\partial_x \phi_*^0, \partial_x \phi_*^0)_D = S_{00}^0 + S_{NN}^K, \quad (\partial_x \phi_*^\nu, \partial_x \phi_*^0)_D = \delta_{\nu 1} S_{0N}^0 + \delta_{\nu K} S_{N0}^K,$

$(\phi_j^0, \phi_*^k)_D = 0, \quad (\phi_j^\nu, \phi_*^k)_D = 0, \quad (\phi_*^0, \phi_*^k)_D = 0, \quad (\phi_*^\nu, \phi_*^k)_D = \delta_{\nu k}(M_{NN}^{k-1} + M_{00}^k),$

$(\partial_x \phi_j^0, \partial_x \phi_*^k)_D = \delta_{k1} S_{Nj}^0, \quad (\partial_x \phi_j^\nu, \partial_x \phi_*^k)_D = \delta_{k\nu} S_{0j}^k + \delta_{k(\nu+1)} S_{Nj}^{k-1},$

$(\partial_x \phi_*^0, \partial_x \phi_*^k)_D = \delta_{k1} S_{N0}^0 + \delta_{kK} S_{0N}^K,$

$(\partial_x \phi_*^\nu, \partial_x \phi_*^k)_D = \delta_{k(\nu-1)} S_{0N}^k + \delta_{k\nu}(S_{00}^k + S_{NN}^{k-1}) + \delta_{k(\nu+1)} S_{N0}^{k-1}.$

对于任意 $k = 0, 1, \cdots, K-1$, 记矩阵为 $M = \mathrm{diag}\,(M_{00}^0 + M_{NN}^K, M_{11}^0,$ $\cdots, M_{N-1,N-1}^k, M_{NN}^k + M_{00}^{k+1}, M_{11}^{k+1}, \cdots, M_{N-1,N-1}^{K-1}, M_{NN}^{K-1} + M_{00}^K, M_{11}^K, \cdots,$ $M_{N-1,N-1}^K)$, 矩阵

$$S = \begin{pmatrix}
S_{00}^0 + S_{NN}^K & S_{01}^0 & \cdots & S_{0N}^0 & & & & S_{N0}^K & \cdots & S_{N,N-1}^K \\
S_{10}^0 & S_{11}^0 & & \vdots & & & & & & \\
\vdots & & \ddots & & & & & & & \\
S_{N0}^0 & \cdots & & & & & & & & \\
& & & & \cdots & S_{0N}^k & & & & \\
& & & \ddots & & \vdots & & & & \\
& & \vdots & & S_{N-1,N-1}^k & S_{N-1,N}^k & & & & \\
& & S_{N0}^k & \cdots & S_{N,N-1}^k & S_{NN}^k + S_{00}^{k+1} & S_{01}^{k+1} & \cdots & S_{0N}^{k+1} & \\
& & & & & S_{10}^{k+1} & S_{11}^{k+1} & & \vdots & \\
& & & & & \vdots & & \ddots & & \\
& & & & & S_{N0}^{k+1} & \cdots & & & \\
S_{0N}^K & & & & & & & \cdots & S_{0,N-1}^K & \\
\vdots & & & & & & & \vdots & \vdots & \\
S_{N-1,N}^K & & & & & & & S_{N-1,0}^K & \cdots & S_{N-1,N-1}^K
\end{pmatrix},$$

$$P = \begin{pmatrix} p_0^0 \\ p_1^0 \\ \vdots \\ p_{N-1}^0 \\ p_0^1 \\ \vdots \\ p_{N-1}^{K-1} \\ p_0^K \\ \vdots \\ p_{N-1}^K \end{pmatrix}, Q = \begin{pmatrix} q_0^0 \\ q_1^0 \\ \vdots \\ q_{N-1}^0 \\ q_0^1 \\ \vdots \\ q_{N-1}^{K-1} \\ q_0^K \\ \vdots \\ q_{N-1}^K \end{pmatrix}, F = \begin{pmatrix} f_0^0 + f_N^K \\ f_1^0 \\ \vdots \\ f_{N-1}^0 \\ f_0^1 + f_N^0 \\ f_1^1 \\ \vdots \\ f_{N-1}^{K-1} \\ f_0^K + f_N^{K-1} \\ f_1^K \\ \vdots \\ f_{N-1}^K \end{pmatrix}, G = \begin{pmatrix} g_0^0 + g_N^K \\ g_1^0 \\ \vdots \\ g_{N-1}^0 \\ g_0^1 + g_N^0 \\ g_1^1 \\ \vdots \\ g_{N-1}^{K-1} \\ g_0^K + g_N^{K-1} \\ g_1^K \\ \vdots \\ g_{N-1}^K \end{pmatrix}.$$

注记 5.1.1 举一个例子, 令 $K = 3, N = 3$, 我们给出刚度矩阵 S 的具体形式

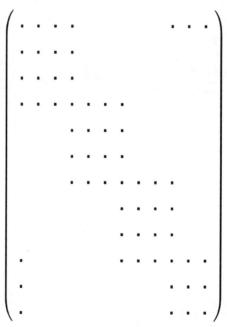

把式 (5.13a) 和式 (5.13b) 代入式(5.9)∼ 式(5.10) 并且取 $\Phi_1, \Phi_2 = \phi_*^k, \phi_l^k$,

$l = 1, \cdots, N-1$, $k = 0, \cdots, K$, 我们发现勒让德谱元法(5.9)~(5.10)等价于系统

$$MP_t = SQ - \alpha F, \tag{5.14}$$

$$MQ_t = -SP + \alpha G, \tag{5.15}$$

$P(t_0) = (p_0^0(t_0), \cdots, p_{N-1}^K(t_0))^{\mathrm{T}}$, $Q(t_0) = (q_0^0(t_0), \cdots, q_{N-1}^K(t_0))^{\mathrm{T}}$.

系统(5.14)~(5.15)可以写为有限维典则哈密尔顿形式:

$$\frac{\mathrm{d}Z}{\mathrm{d}t} = f(Z) = J\nabla H(Z), \tag{5.16}$$

其中 $Z = (P^{\mathrm{T}}, Q^{\mathrm{T}})^{\mathrm{T}}$, $Z(t_0) = (P(t_0)^{\mathrm{T}}, Q(t_0)^{\mathrm{T}})^{\mathrm{T}}$,

$$J = \begin{pmatrix} 0 & -I \\ I & 0 \end{pmatrix},$$

哈密尔顿函数为

$$H(Z) = -\frac{1}{2}P^{\mathrm{T}}M^{-1}SP - \frac{1}{2}Q^{\mathrm{T}}M^{-1}SQ + \frac{\alpha}{4}\sum_{k=0}^{K}\sum_{l=0}^{N}((p_l^k)^2 + (q_l^k)^2)^2, \tag{5.17}$$

$p_N^K = p_0^0$, $p_N^k = p_0^{k+1}$, $q_N^K = q_0^0$, $q_N^k = q_0^{k+1}$, $k = 0, 1, \cdots, K-1$.

对于系统(5.16), 我们有

$$\frac{\mathrm{d}H(Z(t))}{\mathrm{d}t} = \nabla H(Z)^{\mathrm{T}}f(Z) = \nabla H(Z)^{\mathrm{T}}J\nabla H(Z) = 0.$$

因此, 半离散系统(5.16)精确保持哈密尔顿能量函数 $H(Z)$. 式(5.16)称为非线性薛定谔方程的勒让德谱元法半离散格式.

5.2　平均向量场勒让德谱元法

我们用二阶 AVF 方法求解系统(5.16), 可得

$$\frac{Z_1 - Z_0}{\Delta t} = J\int_0^1 \nabla H(\eta Z_1 + (1-\eta)Z_0)\mathrm{d}\eta. \tag{5.18}$$

我们记 $(\bar{f}_l^k)_{\frac{1}{2}} = \int_0^1 f_l^k(\eta Z_1 + (1-\eta)Z_0)\mathrm{d}\eta,\ (\bar{g}_l^k)_{\frac{1}{2}} = \int_0^1 g_l^k(\eta Z_1 + (1-\eta)Z_0)\mathrm{d}\eta.$ 我们考虑到

$$\int_0^1 M^{-1}S(\eta Q_1 + (1-\eta)Q_0)\mathrm{d}\eta = M^{-1}S\left(\frac{Q_1+Q_0}{2}\right),$$

$$\int_0^1 M^{-1}S(\eta P_1 + (1-\eta)P_0)\mathrm{d}\eta = M^{-1}S\left(\frac{P_1+P_0}{2}\right),$$

$$\begin{aligned}
(\bar{f}_l^k)_{\frac{1}{2}} =& \int_0^1 \Big[(\eta(p_l^k)_1 + (1-\eta)(p_l^k)_0)^2 + (\eta(q_l^k)_1 + \\
& (1-\eta)(q_l^k)_0)^2\Big](\eta(q_l^k)_1 + (1-\eta)(q_l^k)_0)\mathrm{d}\eta \\
=& \Big[\left(((p_l^k)_0)^2 + \frac{1}{3}((p_l^k)_1 - (p_l^k)_0)^2 + (p_l^k)_0((p_l^k)_1 - (p_l^k)_0)\right)(q_l^k)_0 + \\
& \left(\frac{1}{2}((p_l^k)_0)^2 + \frac{1}{4}((p_l^k)_1 - (p_l^k)_0)^2 + \frac{2}{3}(p_l^k)_0((p_l^k)_1 - (p_l^k)_0)\right)((q_l^k)_1 - (q_l^k)_0) + \\
& (((q_l^k)_0)^2 + \frac{1}{3}((q_l^k)_1 - (q_l^k)_0)^2 + (q_l^k)_0((q_l^k)_1 - (q_l^k)_0))(q_l^k)_0 + \\
& \left(\frac{1}{2}((q_l^k)_0)^2 + \frac{1}{4}((q_l^k)_1 - (q_l^k)_0)^2 + \frac{2}{3}(q_l^k)_0((q_l^k)_1 - (q_l^k)_0)\right)((q_l^k)_1 - (q_l^k)_0)\Big],
\end{aligned}$$

$$\text{(5.19)}$$

$$\begin{aligned}
(\bar{g}_l^k)_{\frac{1}{2}} =& \int_0^1 \Big[(\eta(p_l^k)_1 + (1-\eta)(p_l^k)_0)^2 + (\eta(q_l^k)_1 + \\
& (1-\eta)(q_l^k)_0)^2\Big](\eta(p_l^k)_1 + (1-\eta)(p_l^k)_0)\mathrm{d}\eta \\
=& \Big[(((p_l^k)_0)^2 + \frac{1}{3}((p_l^k)_1 - (p_l^k)_0)^2 + (p_l^k)_0((p_l^k)_1 - (p_l^k)_0))(p_l^k)_0 + \\
& \left(\frac{1}{2}((p_l^k)_0)^2 + \frac{1}{4}((p_l^k)_1 - (p_l^k)_0)^2 + \frac{2}{3}(p_l^k)_0((p_l^k)_1 - (p_l^k)_0)\right)((p_l^k)_1 - (p_l^k)_0) + \\
& \left(((q_l^k)_0)^2 + \frac{1}{3}((q_l^k)_1 - (q_l^k)_0)^2 + (q_l^k)_0((q_l^k)_1 - (q_l^k)_0)\right)(p_l^k)_0 + \\
& \left(\frac{1}{2}((q_l^k)_0)^2 + \frac{1}{4}((q_l^k)_1 - (q_l^k)_0)^2 + \frac{2}{3}(q_l^k)_0((q_l^k)_1 - (q_l^k)_0)\right)((p_l^k)_1 - (p_l^k)_0)\Big].
\end{aligned}$$

$$\text{(5.20)}$$

我们记

$$\bar{F}_{\frac{1}{2}} = \begin{pmatrix} (\bar{f}_0^0)_{\frac{1}{2}} + (\bar{f}_N^K)_{\frac{1}{2}} \\ (\bar{f}_1^0)_{\frac{1}{2}} \\ \vdots \\ (\bar{f}_{N-1}^0)_{\frac{1}{2}} \\ (\bar{f}_0^1)_{\frac{1}{2}} + (\bar{f}_N^0)_{\frac{1}{2}} \\ (\bar{f}_1^1)_{\frac{1}{2}} \\ \vdots \\ (\bar{f}_{N-1}^{K-1})_{\frac{1}{2}} \\ (\bar{f}_0^K)_{\frac{1}{2}} + (\bar{f}_N^{K-1})_{\frac{1}{2}} \\ (\bar{f}_1^K)_{\frac{1}{2}} \\ \vdots \\ (\bar{f}_{N-1}^K)_{\frac{1}{2}} \end{pmatrix}, \quad \bar{G}_{\frac{1}{2}} = \begin{pmatrix} (\bar{g}_0^0)_{\frac{1}{2}} + (\bar{g}_N^K)_{\frac{1}{2}} \\ (\bar{g}_1^0)_{\frac{1}{2}} \\ \vdots \\ (\bar{g}_{N-1}^0)_{\frac{1}{2}} \\ (\bar{g}_0^1)_{\frac{1}{2}} + (\bar{g}_N^0)_{\frac{1}{2}} \\ (\bar{g}_1^1)_{\frac{1}{2}} \\ \vdots \\ (\bar{g}_{N-1}^{K-1})_{\frac{1}{2}} \\ (\bar{g}_0^K)_{\frac{1}{2}} + (\bar{g}_N^{K-1})_{\frac{1}{2}} \\ (\bar{g}_1^K)_{\frac{1}{2}} \\ \vdots \\ (\bar{g}_{N-1}^K)_{\frac{1}{2}} \end{pmatrix}.$$

式(5.18)可以写为

$$\frac{(P_1 - P_0)}{\Delta t} = M^{-1}S\left(\frac{Q_1 + Q_0}{2}\right) - \alpha \bar{F}_{\frac{1}{2}}, \tag{5.21}$$

$$\frac{(Q_1 - Q_0)}{\Delta t} = -M^{-1}S\left(\frac{P_1 + P_0}{2}\right) + \alpha \bar{G}_{\frac{1}{2}}, \tag{5.22}$$

我们称这个格式是非线性薛定谔方程的平均向量场勒让德谱元 (AVFLSE) 法.

定理 5.2.1　AVFLSE 方法(5.21)~(5.22)可以保持哈密尔顿能量函数(5.17), 即

$$\frac{1}{\Delta t}(H(Z_1) - H(Z_0)) = 0. \tag{5.23}$$

证明　式(5.21)~ 式(5.22)可以写为

$$\frac{Z_1 - Z_0}{\Delta t} = J \int_0^1 \nabla H(\eta Z_1 + (1 - \eta)Z_0)\mathrm{d}\eta. \tag{5.24}$$

我们可得

$$\frac{1}{\Delta t}(H(Z_1) - H(Z_0))$$

$$= \frac{1}{\Delta t} \int_0^1 \frac{\mathrm{d}}{\mathrm{d}\eta} H(\eta Z_1 + (1-\eta)Z_0) \mathrm{d}\eta$$

$$= \left(\int_0^1 \nabla H(\eta Z_1 + (1-\eta)Z_0) \mathrm{d}\eta \right)^{\mathrm{T}} \left(\frac{Z_1 - Z_0}{\Delta t} \right)$$

$$= \left(\int_0^1 \nabla H(\eta Z_1 + (1-\eta)Z_0) \mathrm{d}\eta \right)^{\mathrm{T}} S \int_0^1 \nabla H(\eta Z_1 + (1-\eta)Z_0) \mathrm{d}\eta = 0,$$

所以, 在上面的每一步中, 哈密尔顿能量 H 都保持不变.

□

5.3　线性稳定性分析和对称性

在本节, 我们研究 AVFLSE 方法(5.21)~(5.22)的线性稳定性和对称性. 在实际应用中, 用线性稳定性分析来研究非线性问题在一定程度上还是可行的.

考虑线性薛定谔方程

$$i u_t + u_{xx} = 0. \tag{5.25}$$

定理 5.3.1　AVFLSE 方法(5.21)~(5.22)是无条件线性稳定的.

证明　将格式(5.21)~(5.22)应用到线性薛定谔方程(5.25)中, 令 $Z = (P^{\mathrm{T}}, Q^{\mathrm{T}})^{\mathrm{T}}$, 我们可得

$$Z_1 - Z_0 = \hat{J}(Z_1 + Z_0), \tag{5.26}$$

其中

$$\hat{J} = \begin{pmatrix} 0 & \dfrac{\Delta t}{2} M^{-1} S \\ -\dfrac{\Delta t}{2} M^{-1} S & 0 \end{pmatrix}.$$

我们定义舍入误差 ϵ 为 $\epsilon = \hat{Z} - Z$, 其中 Z 是式(5.26)的忽略舍入误差的精确的数值解, $\hat{Z}$ 是在有限机器精度意义下的数值解. 由于数值解 Z 精确满足式(5.26), 所以误差 ϵ 满足误差方程

$$\epsilon_1 - \epsilon_0 = \hat{J}(\epsilon_1 + \epsilon_0).$$

因此我们可得

$$\epsilon_1^{\mathrm{T}} \epsilon_1 - \epsilon_0^{\mathrm{T}} \epsilon_0 = (\epsilon_1 + \epsilon_0)^{\mathrm{T}} (\epsilon_1 - \epsilon_0) = (\epsilon_1 + \epsilon_0)^{\mathrm{T}} \hat{J}(\epsilon_1 + \epsilon_0) = 0.$$

于是该方法是无条件线性稳定的.

$\square$

我们回顾之前的内容, 若一个方法 $z_1 = \Phi_{\Delta t}(z_0)$, 交换 $z_0 \longleftrightarrow z_1$ 和 $\Delta t \longleftrightarrow -\Delta t$ 所得到的方法和原方法一样, 则这个方法是对称方法[4]. 令 $\gamma = 1 - \eta$, 我们有

$$\int_0^1 f(\eta Z_1 + (1 - \eta)Z_0)\mathrm{d}\eta = \int_0^1 f(\gamma Z_0 + (1 - \gamma)Z_1)\mathrm{d}\gamma,$$

因此 AVFLSE 方法(5.21)~(5.22)是一个对称方法.

5.4 误差估计

下面我们研究数值解的收敛性行为. 在本节, 对任意 $k = 0, \cdots, K$, 我们令 $\Delta x_k = \dfrac{L}{K+1}$. 令 C 为广义正常数, 它可能在不同的情况下具有不同的值. 后面, 表达式 $A \lesssim B$ 表示存在一个正常数 C 使得 $A \leqslant CB$ 成立. 我们先引入一些概念和基本结论.

5.4.1 一些概念和基本结论

我们定义两个正交投影 $\Pi_N : L^2(\Omega) \longrightarrow S_{\mathcal{N}}$ 和 $\Pi_N^1 : H^1(\Omega) \longrightarrow S_{\mathcal{N}}$ 为: 对任意 $u \in L^2(\Omega), \hat{u} \in H^1(\Omega)$,

$$(u - \Pi_N u, v_N)_\Omega = 0, \quad \forall v_N \in S_{\mathcal{N}}, \tag{5.27}$$

$$(\partial_x(\hat{u} - \Pi_N^1\hat{u}), \partial_x v_N)_\Omega = 0, \quad \forall v_N \in S_{\mathcal{N}}. \tag{5.28}$$

对 $j = 0, \cdots, N, k = 0, \cdots, K$, 我们记

$$p_j^k(t) \approx p(x_j^k, t), \quad q_j^k(t) \approx q(x_j^k, t), \quad (p_j^k)_n \approx p_j^k(t_n), \quad (q_j^k)_n \approx q_j^k(t_n), \tag{5.29}$$

$$p_n = p(t_n) \equiv p(x, t_n), \quad q_n = q(t_n) \equiv q(x, t_n), \quad x \in \Omega. \tag{5.30}$$

令 $p(x,t), q(x,t)$ 为式(5.6)~ 式(5.7)的精确解. 令 $Z_n = (P_n^{\mathrm{T}}, Q_n^{\mathrm{T}})^{\mathrm{T}}$ 为 AVF 方法(5.21)~(5.22)在 $t = t_n$ 处的数值解, 我们记

$$(p_N)_n = \sum_{k=0}^K \sum_{j=1}^{N-1} (p_j^k)_n \phi_j^k(x) + \sum_{k=0}^K (p_0^k)_n \phi_*^k(x),$$

$$(q_N)_n = \sum_{k=0}^{K} \sum_{j=1}^{N-1} (q_j^k)_n \phi_j^k(x) + \sum_{k=0}^{K} (q_0^k)_n \phi_*^k(x).$$

我们记

$$\delta_t^j u = \frac{1}{\Delta t}(u_{j+1} - u_j), \quad A_t^j u = \frac{1}{2}(u_{j+1} + u_j), \tag{5.31a}$$

$$\int^j f = \int_0^1 f(\eta u_{j+1} + (1-\eta)u_j)\mathrm{d}\eta. \tag{5.31b}$$

注记 5.4.1 *我们发现, 非线性薛定谔方程的 AVFLSE 方法等价于如下形式:*
求 $p_N, q_N \in X_N$, 使得

$$(\delta_t^j p_N, \Phi_1)_D - (\partial_x A_t^j q_N, \partial_x \Phi_1)_D + \alpha \left(\int^j (p_N^2 + q_N^2) q_N, \Phi_1 \right)_D = 0, \quad \forall \Phi_1 \in X_N,$$
$$\tag{5.32}$$

$$(\delta_t^j q_N, \Phi_2)_D + (\partial_x A_t^j p_N, \partial_x \Phi_2)_D - \alpha \left(\int^j (p_N^2 + q_N^2) p_N, \Phi_2 \right)_D = 0, \quad \forall \Phi_2 \in X_N.$$
$$\tag{5.33}$$

引理 5.4.1 $\forall k = 0, \cdots, K, \forall u, v : uv \in \{p \in L^2(\Omega) : p|_{\Omega_k} \in P_{2N-1}(\Omega_k), k = 0, \cdots, K\}$,

$$(u, v)_{D_k} = (u, v)_{\Omega_k}, \quad (u, v)_D = (u, v)_\Omega. \tag{5.34}$$

证明

$$(u, v)_{D_k} = \frac{\Delta x_k}{2} \sum_{m=0}^{N} u(x_m^k) v(x_m^k) \omega_m = \frac{\Delta x_k}{2} \sum_{m=0}^{N} u(\Lambda_k(\xi_m)) v(\Lambda_k(\xi_m)) \omega_m$$

$$= \frac{\Delta x_k}{2} \int_{-1}^{1} u(\Lambda_k(\xi)) v(\Lambda_k(\xi)) \mathrm{d}\xi = \int_{\Omega_k} u(x)v(x)\mathrm{d}x = (u, v)_{\Omega_k}. \tag{5.35}$$

$\square$

引理 5.4.2 (Cauchy-Schwarz 不等式) *对任意 $u, v \in L^2(\Omega)$ 和 $k = 0, \cdots, K$,*
我们有

$$|(u, v)_{D_k}| \leqslant \|u\|_{D_k} \|v\|_{D_k}, \quad |(u, v)_D| \leqslant \|u\|_D \|v\|_D.$$

证明

$$|(u,v)_{D_k}| = \left| \frac{\Delta x_k}{2} \sum_{m=0}^{N} u(x_m^k)v(x_m^k)\omega_m \right|$$

$$= \left| \sum_{m=0}^{N} (u(x_m^k)\sqrt{\frac{\Delta x_k}{2}\omega_m})(v(x_m^k)\sqrt{\frac{\Delta x_k}{2}\omega_m}) \right|$$

$$\leqslant \left(\sum_{m=0}^{N} \frac{\Delta x_k}{2} u(x_m^k)^2\omega_m \right)^{\frac{1}{2}} \left(\sum_{m=0}^{N} \frac{\Delta x_k}{2} v(x_m^k)^2\omega_m \right)^{\frac{1}{2}} = \|u\|_{D_k}\|v\|_{D_k},$$

$$|(u,v)_D| \leqslant \sum_{k=0}^{K} |(u,v)_{D_k}| \leqslant \sum_{k=0}^{K} \|u\|_{D_k}\|v\|_{D_k}$$

$$\leqslant \left(\sum_{k=0}^{K} \|u\|_{D_k}^2 \right)^{\frac{1}{2}} \left(\sum_{k=0}^{K} \|u\|_{D_k}^2 \right)^{\frac{1}{2}} = \|u\|_D\|v\|_D. \tag{5.36}$$

$\square$

记 $\|u\|_{L^\infty(\Omega_k)} = \max\limits_{x\in\Omega_k} |u(x)|$ 和 $\|u\|_{L^\infty(\Omega)} = \max\limits_{x\in\Omega} |u(x)|$, $\|u\|_{\infty k} = \max\limits_{0\leqslant j\leqslant N} |u(x_j^k)|$ 和 $\|u\|_\infty = \max\limits_{0\leqslant k\leqslant K} \|u\|_{\infty k}$. $\|\cdot\|_\infty$ 称为离散的 L^∞ 范数.

引理 5.4.3　$\forall u,v \in S_{\mathcal{N}}, \forall k = 0,\cdots,K,$

$$\|u\|_{\Omega_k} \leqslant \|u\|_{D_k} \leqslant \sqrt{3}\|u\|_{\Omega_k}, \quad \|u\|_\Omega \leqslant \|u\|_D \leqslant \sqrt{3}\|u\|_\Omega,$$

$$\|u+v\|_{D_k} \leqslant \|u\|_{D_k} + \|v\|_{D_k}, \quad \|u+v\|_D \leqslant \|u\|_D + \|v\|_D,$$

$$\|u+v\|_{D_k}^2 \leqslant 2\|u\|_{D_k}^2 + 2\|v\|_{D_k}^2, \quad \|u+v\|_D^2 \leqslant 2\|u\|_D^2 + 2\|v\|_D^2,$$

$$\|uv\|_{D_k} \leqslant \|u\|_{\infty k}\|v\|_{D_k}, \quad \|uv\|_D \leqslant \|u\|_\infty\|v\|_D.$$

证明

$$\|u\|_{D_k}^2 = \frac{\Delta x_k}{2}\sum_{m=0}^{N} u(x_m^k)^2\omega_m = \frac{\Delta x_k}{2}\sum_{m=0}^{N} u(\Lambda_k(\xi_m))^2\omega_m.$$

考虑[86]

$$\int_{-1}^{1} u(\Lambda_k(\xi))^2 d\xi \leqslant \sum_{m=0}^{N} u(\Lambda_k(\xi_m))^2\omega_m \leqslant 3\int_{-1}^{1} u(\Lambda_k(\xi))^2 d\xi,$$

我们可得

$$\|u\|_{\Omega_k} \leqslant \|u\|_{D_k} \leqslant \sqrt{3}\|u\|_{\Omega_k},$$

$$\|u+v\|_{D_k}^2 = \|u\|_{D_k}^2 + 2(u,v)_{D_k} + \|v\|_{D_k}^2$$

$$\leqslant \|u\|_{D_k}^2 + 2\|u\|_{D_k}\|v\|_{D_k} + \|v\|_{D_k}^2 = (\|u\|_{D_k} + \|v\|_{D_k})^2, \qquad (5.37)$$

$$\|u+v\|_D^2 = \|u\|_D^2 + 2(u,v)_D + \|v\|_D^2 \leqslant (\|u\|_D + \|v\|_D)^2,$$

$$\|uv\|_{D_k}^2 = \frac{\Delta x_k}{2} \sum_{m=0}^{N} u(x_m^k)^2 v(x_m^k)^2 \omega_m$$

$$\leqslant \frac{\Delta x_k}{2} \sum_{m=0}^{N} \|u\|_{\infty_k}^2 v(x_m^k)^2 \omega_m = \|u\|_{\infty_k}^2 \|v\|_{D_k}^2. \qquad (5.38)$$

$\Box$

引理 5.4.4 $\forall u_0, u_1, z_0, z_1 \in L^2(\Omega)$, $\forall k = 0, \cdots, K$,

$$\left\| \int_0^1 f(\eta u_1 + (1-\eta)u_0)(\eta z_1 + (1-\eta)z_0)\mathrm{d}\eta \right\|_{D_k}^2$$

$$\leqslant \frac{1}{2}\|f\|_{L^\infty(\Omega_k)}^2 (\|z_1\|_{D_k}^2 + \|z_0\|_{D_k}^2), \qquad (5.39)$$

$$\left\| \int_0^1 f(\eta u_1 + (1-\eta)u_0)(\eta z_1 + (1-\eta)z_0)\mathrm{d}\eta \right\|_{D}^2$$

$$\leqslant \frac{1}{2}\|f\|_{L^\infty(\Omega)}^2 (\|z_1\|_{D}^2 + \|z_0\|_{D}^2). \qquad (5.40)$$

证明

$$\left\| \int_0^1 f(\eta u_1 + (1-\eta)u_0)(\eta z_1 + (1-\eta)z_0)\mathrm{d}\eta \right\|_{D_k}^2$$

$$= \frac{\Delta x_k}{2} \sum_{j=0}^{N} \left(\int_0^1 f(\eta u_1(x_j^k) + (1-\eta)u_0(x_j^k))(\eta z_1(x_j^k) + (1-\eta)z_0(x_j^k))\mathrm{d}\eta \right)^2 \omega_j$$

$$\leqslant \frac{\Delta x_k}{2} \sum_{j=0}^{N} \left(\int_0^1 f^2(\eta u_1(x_j^k) + (1-\eta)u_0(x_j^k))\mathrm{d}\eta \right) \cdot$$

$$\left(\int_0^1 (\eta z_1(x_j^k) + (1-\eta)z_0(x_j^k))^2 \mathrm{d}\eta\right)\omega_j$$

$$\leqslant \|f\|_{L^\infty(\Omega_k)}^2 \frac{\Delta x_k}{2} \sum_{j=0}^N \left(\frac{1}{4}(z_1(x_j^k) + z_0(x_j^k))^2 + \frac{1}{12}(z_1(x_j^k) - z_0(x_j^k))^2\right)\omega_j$$

$$\leqslant \frac{1}{2}\|f\|_{L^\infty(\Omega_k)}^2(\|z_1\|_{D_k}^2 + \|z_0\|_{D_k}^2). \tag{5.41}$$

$\square$

引理 5.4.5　系统(5.6)~(5.7)的精确解在范数 $\|\cdot\|_{\infty_k}, \|\cdot\|_{D_k}, \|\cdot\|_\infty$ 和 $\|\cdot\|_D$ 下是有界的, 且对任意 t_n, 我们有

$$\|(p_N)_n\|_\infty \leqslant \frac{2N}{\sqrt{\Delta x}}\|(p_N)_n\|_D, \quad \|(q_N)_n\|_\infty \leqslant \frac{2N}{\sqrt{\Delta x}}\|(q_N)_n\|_D,$$

$$\|(p_N)_n - p(t_n)\|_\infty \leqslant \frac{2N}{\sqrt{\Delta x}}\|(p_N)_n - p(t_n)\|_D,$$

$$\|(q_N)_n - q(t_n)\|_\infty \leqslant \frac{2N}{\sqrt{\Delta x}}\|(q_N)_n - q(t_n)\|_D. \tag{5.42}$$

证明　显然 p, q 在离散范数 $\|\cdot\|_{\infty_k}, \|\cdot\|_{D_k}, \|\cdot\|_\infty$ 和 $\|\cdot\|_D$ 下有界. 考虑任意 $j = 0, \cdots, N, k = 0, \cdots, K, \Delta x_k = \Delta x, \omega_j \geqslant \dfrac{1}{N(N+1)}$,

$$\frac{\Delta x_k}{2}(p_j^k)_n^2 \omega_j \leqslant \sum_{k=0}^K \frac{\Delta x_k}{2} \sum_{j=0}^N (p_j^k)_n^2 \omega_j = \|(p_N)_n\|_D^2$$

我们可以证明

$$\|(p_N)_n\|_\infty \leqslant \frac{2N}{\sqrt{\Delta x}}\|(p_N)_n\|_D, \quad \|(q_N)_n\|_\infty \leqslant \frac{2N}{\sqrt{\Delta x}}\|(q_N)_n\|_D,$$

$$\|(p_N)_n - p(t_n)\|_\infty \leqslant \frac{2N}{\sqrt{\Delta x}}\|(p_N)_n - p(t_n)\|_D,$$

$$\|(q_N)_n - q(t_n)\|_\infty \leqslant \frac{2N}{\sqrt{\Delta x}}\|(q_N)_n - q(t_n)\|_D. \tag{5.43}$$

$\square$

对任意 $u \in H^r(\Omega)$, 我们记 $|u|_r = \|\partial_x^r u\|_\Omega$.

引理 5.4.6 [49] P. 318 (5.6.27), [50] P. 264 (5.4.17). 设 $r \geqslant 0$, $m \geqslant 1$. 对任意 $u \in H^r(\Omega)$, $\hat{u} \in H^m(\Omega)$,

$$\|u - \Pi_N u\|_\Omega \leqslant C\Delta x^{\min(N+1,r)} N^{-r} |u|_r,$$

$$\|\hat{u} - \Pi_N^1 \hat{u}\|_\Omega \leqslant C\Delta x^{\min(N+1,m)} N^{-m} |\hat{u}|_m,$$

其中正常数 C 依赖于 r 或 m.

引理 5.4.7 (Gronwall 不等式[87]) 令 t_0, t_n, A, B, D 为正常数. 假设非负离散函数 $\{E_j | j = 0, \cdots, n; n\Delta t = t_n\}$ 满足不等式

$$E_j - E_{j-1} \leqslant A\Delta t E_j + B\Delta t E_{j-1} + D\Delta t,$$

其中 Δt 足够小, 使得 $(A + B)\Delta t \leqslant \dfrac{n-1}{2n}$ $(n > 1)$ 成立, 则有

$$E_n \leqslant (E_0 + t_n D)\mathrm{e}^{2(A+B)t_n}.$$

5.4.2 AVFLSE 方法的误差估计

令 W 为正常数, 使得对 $x \in \Omega$ 和 $t \in [t_0, t_n]$, 有 $|p(x,t)|, |q(x,t)| \leqslant W$. 我们定义 cut-off 函数[85]

$$T(u) = \begin{cases} u, & |u| \leqslant 2W, \\ 2W, & u > 2W, \\ -2W, & u < -2W. \end{cases} \tag{5.44}$$

显然对任意 u, v,

$$|T(u) - T(v)| \leqslant |u - v|, \quad |T(u)| \leqslant 2W.$$

我们考虑修改的 AVFLSE 方法: 求 $p_N, q_N \in X_N$, 使得对任意 $\Phi_1 \in X_N, \Phi_2 \in X_N$,

$$(\delta_t^j p_N, \Phi_1)_D - (\partial_x A_t^j q_N, \partial_x \Phi_1)_D + \alpha\left(\int^j (T(p_N)^2 + T(q_N)^2)q_N, \Phi_1\right)_D = 0,$$

$$\tag{5.45}$$

$$(\delta_t^j q_N, \Phi_2)_D + (\partial_x A_t^j p_N, \partial_x \Phi_2)_D - \alpha \left(\int^j (T(p_N)^2 + T(q_N)^2) p_N, \Phi_2 \right)_D = 0. \tag{5.46}$$

引理 5.4.8　令 $r \geqslant 2$, $\Delta t \leqslant \dfrac{1}{4C}\dfrac{n-1}{n}$ 和 $e^j = \|p(t_j) - (p_N)_j\|_D^2 + \|q(t_j) - (q_N)_j\|_D^2$, $j = 0, \cdots, n$, 其中 $p(t_j), q(t_j) \in H^r(\Omega) \bigcap H_*^1(\Omega)$ 和 $(p_N)_j, (q_N)_j \in X_N$ 分别为式(1.6)~ 式(1.7)和式(5.45)~ 式(5.46)在 $t = t_j$ 处的解. 我们假设 $p(x,t), q(x,t) \in C^{r,3}(\Omega \times [t_0, t_n])$, 则可以得到误差估计:

$$e^n \lesssim \Delta t^4 + \Delta x^{2\min(N,r)} N^{-2r}. \tag{5.47}$$

证明　令 $E_1^j, E_2^j, j = 0,1,2,\cdots$ 为截断误差, 有

$$\delta_t^j p + \partial_{xx} A_t^j q + \alpha \int^j (p^2 + q^2) q = E_1^j, \tag{5.48}$$

$$\delta_t^j q - \partial_{xx} A_t^j p - \alpha \int^j (p^2 + q^2) p = E_2^j. \tag{5.49}$$

对任意 $\Phi_1, \Phi_2 \in X_N, p, q$ 满足

$$(\delta_t^j p, \Phi_1)_\Omega - (\partial_x A_t^j q, \partial_x \Phi_1)_\Omega + \alpha \left(\int^j (p^2+q^2)q, \Phi_1 \right)_\Omega = (E_1^j, \Phi_1)_\Omega, \tag{5.50}$$

$$(\delta_t^j q, \Phi_2)_\Omega + (\partial_x A_t^j p, \partial_x \Phi_2)_\Omega - \alpha \left(\int^j (p^2+q^2)p, \Phi_2 \right)_\Omega = (E_2^j, \Phi_2)_\Omega. \tag{5.51}$$

用式(5.50)和式(5.51)分别减去式(5.45)和式(5.46), 再利用式(5.28), 我们可以得到

$$(\delta_t^j p, \Phi_1)_\Omega - (\delta_t^j p_N, \Phi_1)_D - (\partial_x A_t^j (\Pi_N^1 q - q_N), \partial_x \Phi_1)_\Omega +$$
$$\alpha \left(\int^j (p^2+q^2)q, \Phi_1 \right)_\Omega - \alpha \left(\int^j (T(p_N)^2 + T(q_N)^2)q_N, \Phi_1 \right)_D = (E_1^j, \Phi_1)_\Omega, \tag{5.52}$$

$$(\delta_t^j q, \Phi_2)_\Omega - (\delta_t^j q_N, \Phi_2)_D + (\partial_x A_t^j (\Pi_N^1 p - p_N), \partial_x \Phi_2)_\Omega -$$
$$\alpha \left(\int^j (p^2+q^2)p, \Phi_2 \right)_\Omega + \alpha \left(\int^j (T(p_N)^2 + T(q_N)^2)p_N, \Phi_2 \right)_D = (E_2^j, \Phi_2)_\Omega. \tag{5.53}$$

由引理 5.4.4, 我们有

$$\left\|\int^j (p^2 q - T(p_N)^2 q_N)\right\|_D^2$$

$$= \left\|\int^j ((p^2 - T(p_N)^2)q + T(p_N)^2(q - q_N))\right\|_D^2$$

$$\leqslant 2\left\|\int^j ((p + T(p_N))q(p - T(p_N)))\right\|_D^2 + 2\left\|\int^j (T(p_N)^2(q - q_N))\right\|_D^2$$

$$\leqslant 2\|((p + T(p_N))q)_j\|_{L^\infty(\Omega)}^2 A_t^j \|p - p_N\|_D^2 + 2\|(T(p_N)^2)_j\|_{L^\infty(\Omega)}^2 A_t^j \|q - q_N\|_D^2$$

$$\leqslant C A_t^j (\|p - p_N\|_D^2 + \|q - q_N\|_D^2). \tag{5.54}$$

同理, 我们有

$$\left\|\int^j (p^2 p - T(p_N)^2 p_N)\right\|_D^2 \leqslant C A_t^j \|p - p_N\|_D^2, \tag{5.55}$$

$$\left\|\int^j (q^2 q - T(q_N)^2 q_N)\right\|_D^2 \leqslant C A_t^j \|q - q_N\|_D^2, \tag{5.56}$$

$$\left\|\int^j (q^2 p - T(q_N)^2 p_N)\right\|_D^2 \leqslant C A_t^j (\|p - p_N\|_D^2 + \|q - q_N\|_D^2). \tag{5.57}$$

令 $\Phi_1 = A_t^j(\Pi_N^1 p - p_N)$, $\Phi_2 = A_t^j(\Pi_N^1 q - q_N)$, 并将式(5.52)与式(5.53)相加, 我们得到

$$(\delta_t^j(p - \Pi_{N-1}p), \Phi_1)_\Omega + (\delta_t^j(\Pi_{N-1}p - \Pi_N^1 p), \Phi_1)_D + (\delta_t^j(\Pi_N^1 p - p_N), \Phi_1)_D +$$

$$\alpha \left(\int^j (p^2 + q^2)q - \Pi_{N-1}\int^j (p^2 + q^2)q, \Phi_1\right)_\Omega +$$

$$\alpha \left(\Pi_{N-1}\int^j (p^2 + q^2)q - \int^j (p^2 + q^2)q, \Phi_1\right)_D +$$

$$\alpha \left(\int^j ((p^2 + q^2)q - (T(p_N)^2 + T(q_N)^2)q_N), \Phi_1\right)_D +$$

$$(\delta_t^j(q - \Pi_{N-1}q), \Phi_2)_\Omega + (\delta_t^j(\Pi_{N-1}q - \Pi_N^1 q), \Phi_2)_D + (\delta_t^j(\Pi_N^1 q - q_N), \Phi_2)_D$$

$$= \alpha \left(\int^j (p^2 + q^2)p - \Pi_{N-1}\int^j (p^2 + q^2)p, \Phi_2\right)_\Omega +$$

$$\alpha \left(\Pi_{N-1} \int^j (p^2+q^2)p - \int^j (p^2+q^2)p, \Phi_2 \right)_D +$$

$$\alpha \left(\int^j ((p^2+q^2)p - (T(p_N)^2 + T(q_N)^2)p_N), \Phi_2 \right)_D + (E_1^j, \Phi_1)_\Omega + (E_2^j, \Phi_2)_\Omega.$$

由引理 5.4.2和引理 5.4.3, 再利用式(5.54)∼ 式(5.57), 我们有

$$\frac{1}{2}\delta_t^j \|\Pi_N^1 p - p_N\|_D^2 + \frac{1}{2}\delta_t^j \|\Pi_N^1 q - q_N\|_D^2$$

$$\lesssim \|\delta_t^j (p - \Pi_{N-1}p)\|_\Omega^2 + \|\delta_t^j (\Pi_{N-1}p - \Pi_N^1 p)\|_\Omega^2 +$$

$$\|\delta_t^j (q - \Pi_{N-1}q)\|_\Omega^2 + \|\delta_t^j (\Pi_{N-1}q - \Pi_N^1 q)\|_\Omega^2 +$$

$$\left\| \int^j (p^2+q^2)q - \Pi_{N-1} \int^j (p^2+q^2)q \right\|_\Omega^2 +$$

$$\left\| \int^j (p^2+q^2)p - \Pi_{N-1} \int^j (p^2+q^2)p \right\|_\Omega^2 +$$

$$A_t^j \|\Pi_N^1 p - p_N\|_D^2 + A_t^j \|\Pi_N^1 q - q_N\|_D^2 + A_t^j \|p - \Pi_N^1 p\|_D^2 +$$

$$A_t^j \|q - \Pi_N^1 q\|_D^2 + \|E_1^j\|_\Omega^2 + \|E_2^j\|_\Omega^2.$$

我们记 $\tilde{e}^j = \|(\Pi_N^1 p - p_N)_j\|_D^2 + \|(\Pi_N^1 q - q_N)_j\|_D^2$. 考虑引理 5.4.6, 我们可得

$$\tilde{e}^{j+1} - \tilde{e}^j \leqslant C\Delta t(\tilde{e}^{j+1} + \tilde{e}^j) + C\Delta t \left(\|E_1^j\|_\Omega^2 + \|E_2^j\|_\Omega^2 + A_t^j \|p - \Pi_N^1 p\|_\Omega^2 + \right.$$

$$A_t^j \|q - \Pi_N^1 q\|_\Omega^2 + \|\delta_t^j (p - \Pi_{N-1}p)\|_\Omega^2 + \|\delta_t^j (q - \Pi_{N-1}q)\|_\Omega^2 +$$

$$\|\delta_t^j (\Pi_{N-1}p - \Pi_N^1 p)\|_\Omega^2 + \left\| \int^j (p^2+q^2)p - \Pi_{N-1} \int^j (p^2+q^2)p \right\|_\Omega^2 +$$

$$\left. \|\delta_t^j (\Pi_{N-1}q - \Pi_N^1 q)\|_\Omega^2 + \left\| \int^j (p^2+q^2)q - \Pi_{N-1} \int^j (p^2+q^2)q \right\|_\Omega^2 \right)$$

$$\leqslant C\Delta t(\tilde{e}^{j+1} + \tilde{e}^j) + C\Delta t(\Delta t^4 + \Delta x^{2\min(N,r)} N^{-2r}). \tag{5.58}$$

根据引理 5.4.7, 当 $\Delta t \leqslant \dfrac{1}{4C}\dfrac{n-1}{n}$ 时, 我们有

$$\tilde{e}^n \leqslant (\tilde{e}^0 + t_n C(\Delta t^4 + \Delta x^{2\min(N,r)} N^{-2r})) e^{2Ct_n}$$

$$\leqslant C(\Delta t^4 + \Delta x^{2\min(N,r)} N^{-2r}), \tag{5.59}$$

其中 $\tilde{e}^0 = 0$, 则误差估计

$$e^n \lesssim \tilde{e}^n + \|(p - \Pi_N^1 p)_n\|_D^2 + \|(q - \Pi_N^1 q)_n\|_D^2 \lesssim \Delta t^4 + \Delta x^{2\min(N,r)} N^{-2r}. \tag{5.60}$$

$\square$

下面我们考虑标准的 AVFLSE 方法(5.32)~(5.33).

引理5.4.9 在引理 5.4.8的条件下, 如果有 $\dfrac{N^2}{\Delta x}\Delta t^4 \leqslant C$, 则格式(5.45)~(5.46) 和格式(5.32)~(5.33)是等价的.

证明 显然, 格式(5.32)~(5.33)可以推出格式(5.45)~(5.46). 下面我们只需 说明在条件 $\dfrac{N^2}{\Delta x}\Delta t^4 \leqslant C$ 下格式(5.45)~(5.46)可以推出格式(5.32)~(5.33). 事实 上, 由引理 5.4.5, 再利用引理 5.4.8的误差估计, 我们有

$$\|(p_N)_j - p(t_j)\|_\infty^2 \leqslant \frac{4N^2}{\Delta x}\|(p_N)_j - p(t_j)\|_D^2$$

$$\leqslant C\frac{N^2}{\Delta x}(\Delta t^4 + \Delta x^{2\min(N,r)} N^{-2r}) \leqslant C,$$

即

$$\|(p_N)_j\|_\infty \leqslant C + \|p(t_j)\|_\infty \leqslant C, \quad \|(p_N)_j\|_{L^\infty(\Omega)} \leqslant C. \tag{5.61}$$

同理, 我们有 $\|(q_N)_j\|_\infty \leqslant C$ 和 $\|(q_N)_j\|_{L^\infty(\Omega)} \leqslant C$. 因此, 格式(5.45)~(5.46)和格 式(5.32)~(5.33)是等价的.

$\square$

由引理 5.4.8和引理 5.4.9, 我们可以得到下面的误差估计.

定理 5.4.1 令 $r \geqslant 2$, C 是一个与 N, Δx 和 Δt 无关的正常数. 令 $p(t_j), q(t_j) \in H^r(\Omega)\bigcap H_*^1(\Omega)$ 和 $(p_N)_j, (q_N)_j \in X_N$ 分别为式(1.6)~ 式(1.7)和 式 (5.32)~ 式(5.33)在 $t = t_j$ 处的解. 我们假设 $p(t), q(t) \in C^3([t_0, t_n])$. 如果有 $\Delta t \leqslant \dfrac{1}{4C}\dfrac{n-1}{n}$ 和 $\dfrac{N^2}{\Delta x}\Delta t^4 \leqslant C$, 那么我们可以得到误差估计

$$\|(p_N)_n - p(t_n)\|_D + \|q_N(t_n) - q(t_n)\|_D \leqslant C(\Delta t^2 + \Delta x^{\min(N,r)} N^{-r}). \tag{5.62}$$

5.5 数值实验

在本节, 我们考虑 $\alpha = 2$ 的非线性薛定谔方程(1.6)~(1.7), 用 AVFLSE 方法进行数值求解, 并通过数值实验验证解的保能量特性和误差估计.

我们定义在 $t = t_j$ 处的相对能量误差为

$$RH_j = \frac{|H_j - H_0|}{|H_0|}, \tag{5.63}$$

其中 H_j 为在 $t = t_j$, $j = 0, 1, \cdots, N$ 处的哈密尔顿能量(5.17). 我们定义在 $t = t_n$ 处的离散 L^2 误差和离散 L^∞ 误差为

$$L^2\text{-error}_n(N, \Delta x, \Delta t) = \|(p_N)_n - p(t_n)\|_D + \|q_N(t_n) - q(t_n)\|_D, \tag{5.64}$$

$$L^\infty\text{-error}_n(N, \Delta x, \Delta t) = \|(p_N)_n - p(t_n)\|_\infty + \|q_N(t_n) - q(t_n)\|_\infty, \tag{5.65}$$

其中 N 为基函数的阶, 定义见 5.1.1节, $\Delta x = \max\limits_{0 \leqslant k \leqslant K} \Delta x_k$ 为最大元的长度, 定义见 7.2.1节, Δt 为时间步长. 我们定义

$$\text{Order}_{\Delta t} = \log_2 \left(\frac{\text{error}_n(2\Delta t)}{\text{error}_n(\Delta t)} \right). \tag{5.66}$$

同理, 我们定义

$$\text{Order}_N = -\frac{\log_2 \left(\dfrac{\text{error}_n(N_1)}{\text{error}_n(N_2)} \right)}{\log_2 \left(\dfrac{N_1}{N_2} \right)}, \quad \text{Order}_{\Delta x} = \frac{\log_2 \left(\dfrac{\text{error}_n(\Delta x_1)}{\text{error}_n(\Delta x_2)} \right)}{\log_2 \left(\dfrac{\Delta x_1}{\Delta x_2} \right)}.$$

5.5.1 数值实验 1: 单孤立波

首先, 我们考虑薛定谔方程(1.5), 初值取

$$u(x, 0) = 1.5\text{sech}(1.5(x - p)) \exp(-2i(x - p)),$$

其中 p 为初始相位. 取区间 $\Omega = [-10, 20]$, $K = 19$, $N = 8$, $\Delta x = 1.5$, $\Delta t = 0.001$, $p = 10$, 并考虑周期边界条件(1.8), 我们用 AVFLSE 方法进行计算. 为了研究数值解的长时间演化行为, 我们取计算时间为 $t = 110$.

图 5.1表示 AVFLSE 方法从 $t = 0$ 计算到 $t = 110$ 的数值解. 从图 5.1中我们可以看出, 数值解是一个从右往左传播的孤立波, 并且在长时间计算中波形保持不变. 这意味着 AVFLSE 方法在长时间计算中的数值行为表现良好. 图 5.2表示从 $t = 0$ 计算到 $t = 110$ 的数值解的相对能量误差. 我们可以看到, 数值解保持系统能量守恒达到舍入误差, 这一点符合定理 5.2.1. 有一点要说明的是, 误差图看起来呈现缓慢线性增长的趋势, 并且后面的数值试验中也出现了类似的情况, 这是因为在求解离散格式的时候, 每一步都会引入迭代误差.

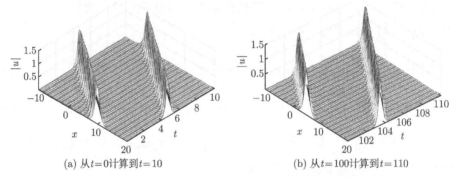

(a) 从$t=0$计算到$t=10$ (b) 从$t=100$计算到$t=110$

图 5.1   AVFLSE 方法求解数值实验 1 得到的孤立波数值解的传播

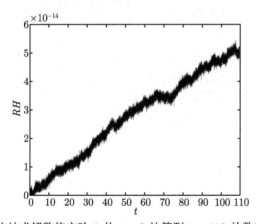

图 5.2   AVFLSE 方法求解数值实验 1 从 $t = 0$ 计算到 $t = 110$ 的数值解的相对能量误差

5.5.2 数值实验 2: 双孤立波

其次, 我们考虑薛定谔方程两个孤立波碰撞的情形. 我们取初始条件为

$$u(x, 0) = 1.5\text{sech}(1.5(x - p))\exp(-2i(x - p)) + 1.5\text{sech}(1.5(x + p))\exp(2i(x + p)).$$

在这个初始条件下, 两个孤立波的初始相位关于原点对称, 振幅相同, 传播速度相反. 取区间 $\Omega = [-15, 15]$, $K = 19$, $N = 8$, $\Delta x = 1.5$, $\Delta t = 0.001$, $p = 5$, 并考虑周期边界条件(1.8), 我们利用 AVFLSE 方法从 $t = 0$ 计算到 $t = 110$.

图 5.3呈现了两个孤立波碰撞的结果. 从图 5.3 中我们可以看出, 两个孤立波之间产生弹性碰撞, 并且碰撞后各自沿着原来的方向保持原来的速度继续传播. 这意味着 AVFLSE 方法在长时间计算中的数值行为表现良好. 图 5.4表示从 $t = 0$ 计算到 $t = 110$ 的数值解的相对能量误差. 我们可以看到, 数值解保持系统能量守恒达到舍入误差.

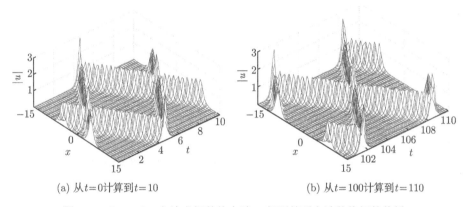

(a) 从$t=0$计算到$t=10$　　　　　　　(b) 从$t=100$计算到$t=110$

图 5.3　AVFLSE 方法求解数值实验 2 得到的孤立波数值解的传播

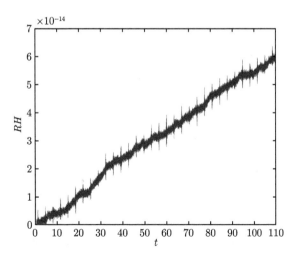

图 5.4　AVFLSE 方法求解数值实验 2 从 $t = 0$ 计算到 $t = 110$ 的数值解的相对能量误差

5.5.3 数值实验 3: 精度测试

最后, 我们取薛定谔方程(1.5)的初值为

$$u(x,0) = \operatorname{sech}(x)\exp(2ix),$$

精确解为

$$u(x,t) = \operatorname{sech}(x - 4t)\exp(2ix - 3it).$$

我们取空间区间为 $\Omega = [-35, 35]$, 考虑周期边界条件(1.8),并取不同的 N, Δx 和 Δt 来测试解的误差估计.

根据定理 5.4.1, 我们分别在时间和空间方向上测试格式收敛阶. 首先, 我们给定 $N = 8$ 和 $\Delta x = 1$, 从而忽略空间误差. 表 5.1表示 AVFLSE 方法从 $t = 0$ 计算到 $t = 1$ 的数值解, 取不同的时间步长得到的时间精度. 显然, 我们可以看出在时间方向上, AVFLSE 方法的收敛阶为 2, 这一点符合定理 5.4.1. 然后, 我们给定 $\Delta x = 1$, 并取 $\Delta t = 0.000\,05$, 从而忽略时间方向误差. 表 5.2表示 AVFLSE 方法取不同的 N, 从 $t = 0$ 计算到 $t = 0.01$ 得到的数值解. 我们可以看到, 在空间方向上, AVFLSE 方法关于 N 是谱精度. 表 5.3表示取 $\Delta t = 0.000\,05$, $N = 8$, 以及不同的 Δx, 用 AVFLSE 方法从 $t = 0$ 计算到 $t = 0.01$ 得到的数值解. 我们可以看到, 在空间方向上, AVFLSE 方法关于 Δx 的精度等于 8, 也就是和 N 一样. 表 5.4表示从 $t = 0$ 计算到 $t = 0.01$, AVFLSE 方法同时取不同的 N 和 Δx 得到的数值解. 我们可以看出, 在空间方向上, AVFLSE 方法关于 Δx 的精度的确等于 N, 其中 $N \leqslant r$, 这一点非常符合定理 5.4.1. 综上可知数值实验结果是非常符合误差估计的.

表 5.1　AVFLSE 方法从 $t = 0$ 计算到 $t = 1$ 的数值解, 取不同的时间步长得到的时间精度

$t_n = 1$	$L^\infty\text{-error}_n(\Delta t)$	$L^\infty\text{-Order}_{\Delta t}$	$L^2\text{-error}_n(\Delta t)$	$L^2\text{-Order}_{\Delta t}$
$\Delta t_1 = 0.1$	$2.512\,0 \times 10^{-1}$	—	$2.719\,1 \times 10^{-1}$	—
$\Delta t_2 = 0.05$	$5.861\,8 \times 10^{-2}$	$2.104\,0$	$6.834\,6 \times 10^{-2}$	$1.992\,2$
$\Delta t_3 = 0.025$	$1.418\,5 \times 10^{-2}$	$2.047\,0$	$1.698\,0 \times 10^{-2}$	$2.009\,0$
$\Delta t_4 = 0.012\,5$	$3.523\,4 \times 10^{-3}$	$2.009\,3$	$4.237\,9 \times 10^{-3}$	$2.002\,4$

表 5.2　AVFLSE 方法取不同的 N 得到的数值解

$t_n = 0.01$	$L^{\infty}\text{-error}_n(N)$	$L^{\infty}\text{-Order}_N$	$L^2\text{-error}_n(N)$	$L^2\text{-Order}_N$
$N_1 = 5$	$1.832\,2 \times 10^{-4}$	—	$1.128\,0 \times 10^{-4}$	—
$N_2 = 6$	$2.236\,9 \times 10^{-5}$	11.534 6	$1.895\,9 \times 10^{-5}$	9.781 3
$N_3 = 7$	$3.324\,5 \times 10^{-6}$	12.366 8	$2.723\,3 \times 10^{-6}$	12.587 9
$N_4 = 8$	$3.763\,6 \times 10^{-7}$	16.314 7	$3.687\,0 \times 10^{-7}$	14.974 9
$N_5 = 9$	$5.866\,8 \times 10^{-8}$	15.780 3	$5.292\,1 \times 10^{-8}$	16.481 0
$N_6 = 10$	$7.711\,1 \times 10^{-9}$	19.259 9	$6.317\,5 \times 10^{-9}$	20.173 4
$N_7 = 11$	$1.389\,9 \times 10^{-9}$	17.977 4	$1.072\,8 \times 10^{-9}$	18.603 0

表 5.3　AVFLSE 方法取不同的 Δx 得到的数值解

$t_n = 0.01$	$L^{\infty}\text{-error}_n(\Delta x)$	$L^{\infty}\text{-Order}_{\Delta x}$	$L^2\text{-error}_n(\Delta x)$	$L^2\text{-Order}_{\Delta x}$
$\Delta x_1 = 7/5$	$5.578\,4 \times 10^{-6}$	—	$5.511\,4 \times 10^{-6}$	—
$\Delta x_2 = 7/6$	$1.498\,8 \times 10^{-6}$	7.208 3	$1.439\,4 \times 10^{-6}$	7.363 9
$\Delta x_3 = 1$	$3.763\,6 \times 10^{-7}$	8.964 4	$3.687\,0 \times 10^{-7}$	8.835 5
$\Delta x_4 = 7/8$	$1.462\,6 \times 10^{-7}$	7.078 2	$1.131\,4 \times 10^{-7}$	8.847 0
$\Delta x_5 = 7/9$	$5.379\,7 \times 10^{-8}$	8.491 6	$3.705\,1 \times 10^{-8}$	9.477 9
$\Delta x_6 = 7/10$	$1.400\,2 \times 10^{-8}$	12.775 4	$1.093\,8 \times 10^{-8}$	11.579 8
$\Delta x_7 = 7/11$	$5.845\,8 \times 10^{-9}$	9.164 6	$3.704\,6 \times 10^{-9}$	11.359 4
$\Delta x_8 = 7/12$	$2.618\,1 \times 10^{-9}$	9.231 8	$1.505\,2 \times 10^{-9}$	10.350 9

表 5.4　AVFLSE 方法同时取不同的 N 和 Δx 得到的数值解

$t_n = 0.01$	$L^{\infty}\text{-error}_n$	$L^{\infty}\text{-Order}_{\Delta x}$	$L^2\text{-error}_n$	$L^2\text{-Order}_{\Delta x}$
$N_1 = 4, \Delta x_1 = 2$	0.008 9	—	0.009 5	—
$N_1 = 4, \Delta x_2 = 1$	$6.968\,9 \times 10^{-4}$	3.674 8	$6.709\,8 \times 10^{-4}$	3.823 6
$N_1 = 4, \Delta x_3 = 0.5$	$3.769\,9 \times 10^{-5}$	4.208 3	$2.979\,4 \times 10^{-5}$	4.493 2
$N_2 = 6, \Delta x_1 = 2$	0.001 2	—	0.001 2	—
$N_2 = 6, \Delta x_2 = 1$	$2.236\,9 \times 10^{-5}$	5.745 4	$1.895\,9 \times 10^{-5}$	5.984 0
$N_2 = 6, \Delta x_3 = 0.5$	$1.524\,6 \times 10^{-7}$	7.196 9	$1.164\,6 \times 10^{-7}$	7.346 9
$N_3 = 8, \Delta x_1 = 2$	$1.252\,6 \times 10^{-4}$	—	$1.237\,8 \times 10^{-4}$	—
$N_3 = 8, \Delta x_2 = 1$	$3.763\,6 \times 10^{-7}$	8.378 6	$3.687\,0 \times 10^{-7}$	8.391 1
$N_3 = 8, \Delta x_3 = 0.5$	$1.093\,6 \times 10^{-9}$	8.426 9	$8.642\,6 \times 10^{-10}$	8.736 8

5.6　结　　论

我们提出, 分析并研究了非线性薛定谔方程的一个新的 AVFLSE 方法. 这种方法的主要思路分为两步. 首先, 基于系统弱形式, 我们用勒让德谱元法对薛定谔方程进行空间离散, 再把得到的常微分方程组改写为一个典则的哈密尔顿系统, 然后在时间方向上采用 AVF 方法进行离散. 我们发现, 在空间方向上, 用勒让德谱元法对一个偏微分哈密尔顿方程进行离散, 得到的半离散系统依然具有哈密尔顿结构. 事实上, 已有的半离散哈密尔顿系统的方法, 如有限差分和谱配置方法, 都不是基于系统弱形式进行离散的.

另外, 我们还利用一些重要的引理和 cut-off 技巧推导了新格式的误差估计, 并证明了该格式在网格比限制条件 $\dfrac{N^2}{\Delta x}\Delta t^4 \leqslant C$ 下是收敛的, 收敛阶在离散的 L^2 范数下为 $\mathcal{O}(\Delta t^2 + \Delta x^{\min(N,r)} N^{-r})$. 值得注意的是, AVFLSE 方法是一个一般性方法, 不仅可以用来求解薛定谔方程, 还可以应用到其他的哈密尔顿偏微分方程中, 如 sine-Gordon 方程、KdV 方程、BBM 方程等. 在后面的研究中, 我们还要考虑一般的有限元方法的半离散.

第 6 章　非线性薛定谔方程的保能量
Crank-Nicolson Galerkin 方法

在本章, 我们给出了非线性薛定谔方程的 Crank-Nicolson Galerkin 方法. 这种方法的主要思想是首先把薛定谔方程改写为一个无限维哈密尔顿系统, 在空间方向上用一个有限元方法对这个系统进行半离散, 其次用 Crank-Nicolson 方法离散新得到的半离散系统, 最后得到薛定谔方程的一个新的保能量格式. 我们发现, 用一个有限元方法对哈密尔顿偏微分方程进行空间半离散, 得到的半离散系统可以写成一个哈密尔顿常微分方程组的形式. 我们推导了新格式的误差估计, 并证明了新格式是收敛的, 且收敛阶在离散的 L^2 范数意义下为 $\mathcal{O}(\tau^2 + h^2)$. 这个误差估计并不需要网格比限制. 我们用数值实验验证了新格式的守恒特性和收敛阶[88].

6.1　Crank-Nicolson Galerkin 方法和守恒律

6.1.1　空间离散

令 $H_*^1(\Omega) = \{u \in H^1(\Omega) : u(x+L) = u(x)\}$. 对任意 $u, v \in L^2(\Omega)$, 我们记 $(u,v)_\Omega = (u,v) = \int_\Omega uv\mathrm{d}x$, $\|u\|_\Omega = (u,u)_\Omega^{\frac{1}{2}}$. 系统(1.6)$\sim$(1.7)的弱形式为: 求 $p, q \in H_*^1(\Omega)$, 使得对任意 $v, w \in H_*^1(\Omega)$,

$$(p_t, v) - (q_x, v_x) + \alpha((p^2 + q^2)q, v) = 0, \tag{6.1}$$

$$(q_t, w) + (p_x, w_x) - \alpha((p^2 + q^2)p, w) = 0, \tag{6.2}$$

$p(x,0) = p_0(x), q(x,0) = q_0(x)$.

我们用 $J+1$ 个均匀网格点对区间 Ω 进行剖分:

$$x_j = x_L + jh, \quad j = 0, 1, \cdots, J,$$

其中 $h = L/J$. 我们记 $\Omega_j = [x_j, x_{j+1}]$, $j = 0, 1, \cdots, J-1$. 令 $P_1(\Omega_j)$ 为所有阶小于等于 1 的多项式行数的集合. 我们定义分段多项式空间为

$$S^h = \left\{ u \in H_*^1(\Omega) : u|_{\Omega_j} \in P_1(\Omega_j), j = 0, \cdots, J-1 \right\}.$$

我们用 Galerkin 有限元方法[54] 对系统(6.1)~(6.2)进行空间离散.

为了简便, 我们采用分段线性基函数. 我们定义基函数为

$$F_0(x) = \begin{cases} (x_1 - x)/h, & x_0 < x \leqslant x_1, \\ (x - x_{J-1})/h, & x_{J-1} < x \leqslant x_J, \\ 0, & \text{其他}, \end{cases}$$

$$F_j(x) = \begin{cases} (x - x_{j-1})/h, & x_{j-1} < x \leqslant x_j, \\ (x_{j+1} - x)/h, & x_j < x \leqslant x_{j+1}, j = 1, \cdots, J-1, \\ 0, & \text{其他}. \end{cases}$$

我们假设 $p(x, t)$ 和 $q(x, t)$ 可以分别由下式逼近:

$$\hat{p}(x, t) = \sum_{j=0}^{J-1} \hat{p}_j(t) F_j(x), \quad \hat{q}(x, t) = \sum_{j=0}^{J-1} \hat{q}_j(t) F_j(x),$$

其中 $\hat{p}_j$, $\hat{q}_j$, $j = 0, 1, \cdots, J-1$ 是以时间为变量的待定系数. 我们定义插值算子 $I_J : L^2(\Omega) \longrightarrow S^h$ 为

$$I_J u = \sum_{j=0}^{J-1} u(x_j) F_j(x), \quad \forall u \in L^2(\Omega),$$

则有

$$I_J\left((\hat{p}^2 + \hat{q}^2)\hat{p}\right) = \sum_{j=0}^{J-1} (\hat{p}_j^2 + \hat{q}_j^2)\hat{p}_j F_j(x), \quad I_J\left((\hat{p}^2 + \hat{q}^2)\hat{q}\right) = \sum_{j=0}^{J-1} (\hat{p}_j^2 + \hat{q}_j^2)\hat{q}_j F_j(x).$$

系统(6.1)~(6.2)的 Galerkin 方法为: 求 $\hat{p}, \hat{q} \in S^h$, 使得

$$(\partial_t \hat{p}, \Phi_1) - (\partial_x \hat{q}, \partial_x \Phi_1) + \alpha\left(I_J((\hat{p}^2 + \hat{q}^2)\hat{q}), \Phi_1\right) = 0, \quad \forall \Phi_1 \in S^h, \tag{6.3}$$

$$(\partial_t \hat{q}, \Phi_2) + (\partial_x \hat{p}, \partial_x \Phi_2) - \alpha \left(I_J((\hat{p}^2 + \hat{q}^2)\hat{p}), \Phi_2 \right) = 0, \quad \forall \Phi_2 \in S^h, \qquad (6.4)$$

初始条件为 $\hat{p}(x_j, t_0) = p(x_j, t_0)$, $\hat{q}(x_j, t_0) = q(x_j, t_0)$, $j = 0, \cdots, J-1$.

6.1.2　有限维哈密尔顿系统

令 $\Phi_1, \Phi_2 = F_j(x)$, $j = 1, 2, \cdots, J-1$. 由式(6.3)和式(6.4), 我们有

$$\int_\Omega \partial_t \hat{p} F_j \mathrm{d}x = \int_{x_{j-1}}^{x_j} \partial_t \hat{p} F_j \mathrm{d}x + \int_{x_j}^{x_{j+1}} \partial_t \hat{p} F_j \mathrm{d}x = \frac{h}{6}(\partial_t \hat{p}_{j-1} + 4\partial_t \hat{p}_j + \partial_t \hat{p}_{j+1}),$$

$$\int_\Omega \partial_x \hat{p} \partial_x F_j \mathrm{d}x = \int_{x_{j-1}}^{x_j} \partial_x \hat{p} \partial_x F_j \mathrm{d}x + \int_{x_j}^{x_{j+1}} \partial_x \hat{p} \partial_x F_j \mathrm{d}x = -\frac{1}{h}(\hat{p}_{j-1} - 2\hat{p}_j + \hat{p}_{j+1}).$$

同理,

$$\int_\Omega \partial_t \hat{q} F_j \mathrm{d}x = A_h \partial_t \hat{q}_j,$$

$$\int_\Omega \partial_x \hat{q} \partial_x F_j \mathrm{d}x = B_h \hat{q}_j,$$

$$\int_\Omega I_J \left((\hat{p}^2 + \hat{q}^2)\hat{p} \right) F_j \mathrm{d}x = A_h \left((\hat{p}_j^2 + \hat{q}_j^2)\hat{p}_j \right),$$

$$\int_\Omega I_J \left((\hat{p}^2 + \hat{q}^2)\hat{q} \right) F_j \mathrm{d}x = A_h \left((\hat{p}_j^2 + \hat{q}_j^2)\hat{q}_j \right),$$

其中

$$A_h v_j = \frac{h}{6}(v_{j-1} + 4v_j + v_{j+1}), \quad B_h v_j = -\frac{1}{h}(v_{j-1} - 2v_j + v_{j+1}).$$

同理, 令 $\Phi_1, \Phi_2 = F_0(x)$, 我们有

$$\int_\Omega \partial_t \hat{p} F_0 \mathrm{d}x = \frac{h}{6}(\partial_t \hat{p}_{J-1} + 4\partial_t \hat{p}_0 + \partial_t \hat{p}_1),$$

$$\int_\Omega \partial_x \hat{p} \partial_x F_0 \mathrm{d}x = -\frac{1}{h}(\hat{p}_{J-1} - 2\hat{p}_0 + \hat{p}_1).$$

我们记

$$A = \frac{h}{6} \begin{pmatrix} 4 & 1 & 0 & \cdots & 0 & 1 \\ 1 & 4 & 1 & 0 & \cdots & 0 \\ 0 & \ddots & \ddots & \ddots & & \vdots \\ \vdots & & \ddots & \ddots & \ddots & 0 \\ 0 & \cdots & 0 & 1 & 4 & 1 \\ 1 & 0 & \cdots & 0 & 1 & 4 \end{pmatrix}_{J \times J},$$

$$B = \frac{-1}{h} \begin{pmatrix} -2 & 1 & 0 & \cdots & 0 & 1 \\ 1 & -2 & 1 & 0 & \cdots & 0 \\ 0 & \ddots & \ddots & \ddots & & \vdots \\ \vdots & & \ddots & \ddots & \ddots & 0 \\ 0 & \cdots & 0 & 1 & -2 & 1 \\ 1 & 0 & \cdots & 0 & 1 & -2 \end{pmatrix}_{J \times J}.$$

我们考虑

$$A = \mathcal{F}^H \Lambda_A \mathcal{F}, \quad B = \mathcal{F}^H \Lambda_B \mathcal{F},$$

其中 $\mathcal{F}$ 为离散的 Fourier 变换矩阵, 定义为 $\mathcal{F}_{j,k} = \dfrac{1}{\sqrt{J}} \mathrm{e}^{-\mathrm{i}\frac{2\pi}{J}jk}$, $j, k = 0, 1, \cdots,$ $J - 1$. $\mathcal{F}^H$ 是 $\mathcal{F}$ 的共轭转置, 且

$$\Lambda_A = \mathrm{diag}(\lambda_{A,0}, \lambda_{A,1}, \cdots, \lambda_{A,J-1}), \quad \lambda_{A,j} = \frac{h}{6}\left(4 + 2\cos\frac{2j\pi}{J}\right), \tag{6.5}$$

$$\Lambda_B = \mathrm{diag}(\lambda_{B,0}, \lambda_{B,1}, \cdots, \lambda_{B,J-1}), \quad \lambda_{B,j} = \frac{4}{h}\sin^2\frac{j\pi}{J}. \tag{6.6}$$

令 $D = \mathcal{F}^H \Lambda_D \mathcal{F}$, 其中 $\Lambda_D = \mathrm{diag}(\lambda_{D,0}, \lambda_{D,1}, \cdots, \lambda_{D,J-1}) = \Lambda_A^{-1}\Lambda_B$, 并记空间 $X_J = \{u : u = (u_0, u_1, \cdots, u_{J-1})^\mathrm{T}\} \subseteq \mathbb{C}^J$. 我们定义 X_J 上的离散内积和离散范数为

$$(u, v)_J = h \sum_{j=0}^{J-1} u_j \overline{v_j}, \quad \|u\|_J = (u, u)_J^{\frac{1}{2}},$$

$$\delta_x u_j = \frac{u_{j+1} - u_j}{h}, \quad \|u\|_{J,4} = \left(h \sum_{j=0}^{J-1} |u_j|^4\right)^{\frac{1}{4}},$$

$$\|u\|_\infty = \max_{0 \leqslant j \leqslant J-1} |u_j|, \quad \|\delta_x u\|_J = \left(h \sum_{j=0}^{J-1} |\delta_x u_j|^2 \right)^{\frac{1}{2}}, \quad \|\|\delta_x u\|\|_J = (Du, u)_J^{\frac{1}{2}},$$

其中 $\bar{v}$ 表示 v 的共轭. 我们可以看出 $\|\delta_x u\|_J = \left(\dfrac{1}{h} Bu, u \right)_J^{1/2}$.

记 $\hat{P} = (\hat{p}_0, \hat{p}_1, \cdots, \hat{p}_{J-1})^{\mathrm{T}}$, $\hat{Q} = (\hat{q}_0, \hat{q}_1, \cdots, \hat{q}_{J-1})^{\mathrm{T}}$. 事实上, 式(6.3)和式(6.4)等价于下面的系统:

$$A\hat{P}_t = B\hat{Q} - \alpha A(\hat{P}^2 + \hat{Q}^2) \cdot \hat{Q}, \tag{6.7}$$

$$A\hat{Q}_t = -B\hat{P} + \alpha A(\hat{P}^2 + \hat{Q}^2) \cdot \hat{P}, \tag{6.8}$$

初始条件为 $\hat{P}(t_0) = (\hat{p}_0(t_0), \cdots, \hat{p}_{J-1}(t_0))^{\mathrm{T}}$, $\hat{Q}(t_0) = (\hat{q}_0(t_0), \cdots, \hat{q}_{J-1}(t_0))^{\mathrm{T}}$, 其中 $\hat{P}^2 = \hat{P} \cdot \hat{P}$. 此处 "$\cdot$" 指向量点乘, 即

$$\hat{P} \cdot \hat{Q} = (\hat{p}_0 \hat{q}_0, \hat{p}_1 \hat{q}_1, \cdots, \hat{p}_{J-1} \hat{q}_{J-1})^{\mathrm{T}}.$$

系统(6.7)~(6.8)是非典则的, 我们需要把它改写成典则形式. 我们记 $(\hat{P}; \hat{Q}) = (\hat{P}^{\mathrm{T}}, \hat{Q}^{\mathrm{T}})^{\mathrm{T}}$. 系统(6.7)~(6.8)可以写成有限维典则哈密尔顿系统:

$$\frac{\mathrm{d}\hat{Z}}{\mathrm{d}t} = f(\hat{Z}) = S\nabla H(\hat{Z}), \tag{6.9}$$

其中 $\hat{Z} = (\hat{P}; \hat{Q})$, $\hat{Z}(t_0) = (\hat{P}(t_0); \hat{Q}(t_0))$,

$$S = \begin{pmatrix} 0 & I_{J \times J} \\ -I_{J \times J} & 0 \end{pmatrix},$$

且哈密尔顿函数为

$$H(\hat{Z}) = \frac{1}{2} \left(\hat{P}^{\mathrm{T}} D\hat{P} + \hat{Q}^{\mathrm{T}} D\hat{Q} - \frac{\alpha}{2} \sum_{j=0}^{J-1} \left((\hat{p}_j)^2 + (\hat{q}_j)^2 \right)^2 \right)$$

$$= \frac{1}{2h} \left(\left\|\|\delta_x \hat{P}\|\right\|_J^2 + \left\|\|\delta_x \hat{Q}\|\right\|_J^2 - \frac{\alpha}{2} \left\| \hat{P} + \hat{Q}i \right\|_{J,4}^4 \right).$$

对于系统(6.9), 它满足能量守恒

$$\frac{\mathrm{d}H(\hat{Z}(t))}{\mathrm{d}t} = \nabla H(\hat{Z})^{\mathrm{T}} f(\hat{Z}) = \nabla H(\hat{Z})^{\mathrm{T}} S\nabla H(\hat{Z}) = 0.$$

令质量为 $M(\hat{Z}) = \|\hat{P}\|_J^2 + \|\hat{Q}\|_J^2$, 系统 (6.9) 满足质量守恒

$$\frac{\mathrm{d}M(\hat{Z})}{\mathrm{d}t} = 2h\Big(\hat{P}^{\mathrm{T}}D\hat{Q} - \hat{Q}^{\mathrm{T}}D\hat{P} + \alpha\hat{Q}^{\mathrm{T}}\big((\hat{P}^2 + \hat{Q}^2) \cdot \hat{P}\big) -$$

$$\alpha\hat{P}^{\mathrm{T}}\big((\hat{P}^2 + \hat{Q}^2) \cdot \hat{Q}\big)\Big)$$

$$= 0.$$

因此, 半离散系统(6.9)同时保持系统能量 $H(\hat{Z})$ 和质量 $M(\hat{Z})$. 我们称式(6.9)为非线性薛定谔方程的 Galerkin 半离散格式.

6.1.3 有限维哈密尔顿系统的 Crank-Nicolson 方法

我们记 $P^n = (P_0^n, P_1^n, \cdots, P_{J-1}^n)^{\mathrm{T}}$, $Q^n = (Q_0^n, Q_1^n, \cdots, Q_{J-1}^n)^{\mathrm{T}}$, 其中 $P_j^n \approx p(x_j, t_n)$, $Q_j^n \approx q(x_j, t_n)$, $j = 0, 1, \cdots, J-1$, $n = 0, 1, \cdots, N$. 令

$$\delta_t P_j^n = \frac{P_j^{n+1} - P_j^n}{\tau}, \quad P_j^{n+\frac{1}{2}} = \frac{P_j^{n+1} + P_j^n}{2},$$

$$\delta_t Q_j^n = \frac{Q_j^{n+1} - Q_j^n}{\tau}, \quad Q_j^{n+\frac{1}{2}} = \frac{Q_j^{n+1} + Q_j^n}{2}.$$

我们用 Crank-Nicolson 方法对系统(6.9)进行求解, 则可以得到

$$\delta_t P^n = DQ^{n+1/2} - \frac{\alpha}{2}\big((P^n)^2 + (Q^n)^2 + (P^{n+1})^2 + (Q^{n+1})^2\big) \cdot Q^{n+1/2}, \quad (6.10)$$

$$\delta_t Q^n = -DP^{n+1/2} + \frac{\alpha}{2}\big((P^n)^2 + (Q^n)^2 + (P^{n+1})^2 + (Q^{n+1})^2\big) \cdot P^{n+1/2}, \quad (6.11)$$

这个格式称为非线性薛定谔方程的 Crank-Nicolson Galerkin(CNG) 格式.

关于格式(6.10)~(6.11)解的守恒律和解的有界性, 我们给出两个引理.

引理 6.1.1 对任意 $u \in X_J$, 我们有

$$\|\delta_x u\|_J \leqslant \|\!|\delta_x u\|\!|_J \leqslant \sqrt{3}\|\delta_x u\|_J.$$

证明 注意到 $\frac{1}{h}\lambda_{B,j} \leqslant \lambda_{D,j} \leqslant \frac{3}{h}\lambda_{B,j}, j = 0, 1, \cdots, J-1$. 对于系统(6.5)~(6.6), 我们有

$$\|\delta_x u\|_J^2 = \left(\frac{1}{h}Bu, u\right)_J = \left(\mathcal{F}^{\mathrm{H}}\frac{1}{h}\Lambda_B\mathcal{F}u, u\right)_J = \left(\frac{1}{h}\Lambda_B\mathcal{F}u, \mathcal{F}u\right)_J$$

$$= h\sum_{j=0}^{J-1}\frac{1}{h}\lambda_{B,j}|\mathcal{F}u|^2 \leqslant h\sum_{j=0}^{J-1}\lambda_{D,j}|\mathcal{F}u|^2 = (Du, u)_J = \|\!|\delta_x u\|\!|_J.$$

同理, 我们有 $\|\delta_x u\|_J \leqslant \sqrt{3}\|\delta_x u\|_J$.

□

引理 6.1.2 [87]　对任意 $u \in X_J$, 我们有

$$\|u\|_\infty^2 \leqslant 2\|u\|_J \|\delta_x u\|_J + \frac{1}{L}\|u\|_J^2, \quad \|u\|_{J,4}^4 \leqslant 2\|u\|_J^3 \|\delta_x u\|_J + \frac{1}{L}\|u\|_J^4.$$

定理 6.1.1　CNG 方法(6.10)~(6.11)同时具有质量守恒和能量守恒特性, 即格式的解满足下面的守恒律:

$$M(P^n; Q^n) \equiv M(P^0; Q^0), \quad H(P^n; Q^n) \equiv H(P^0; Q^0), \quad n = 1, 2, \cdots, N. \quad (6.12)$$

证明　式(6.10)关于 $P^{n+1/2}$ 取离散内积, 式(6.11)关于 $Q^{n+1/2}$ 取离散内积, 将所得的两式相加, 我们可得质量守恒律

$$\frac{1}{2\tau}\left(\|P^{n+1}\|_J^2 + \|Q^{n+1}\|_J^2 - \|P^n\|_J^2 - \|Q^n\|_J^2\right) = 0. \quad (6.13)$$

式(6.10)关于 $\delta_t Q^n$ 取离散内积, 式(6.11)关于 $\delta_t P^n$ 取离散内积, 将所得的两式相减, 我们可得能量守恒律

$$\frac{1}{2\tau}\left(H(P^{n+1}; Q^{n+1}) - H(P^n; Q^n)\right) = 0. \quad (6.14)$$

因此, 由式(6.13)和式(6.14)可以立刻得到式(6.12).

□

令 C 为广义正常数, 它可能在不同的情况下具有不同的值. 表达式 $A \lesssim B$ 表示存在一个正常数 C 使得 $A \leqslant CB$ 成立.

定理 6.1.2　CNG 方法(6.10)~(6.11)的解在离散的 L^∞ 范数下是有界的, 且满足

$$\|P^n\|_J^2 + \|Q^n\|_J^2 \leqslant C, \quad \|\delta_x P^n\|_J^2 + \|\delta_x Q^n\|_J^2 \leqslant C, \quad \|P^n\|_\infty^2 + \|Q^n\|_\infty^2 \leqslant C.$$

证明　由定理 6.1.1有

$$\|P^n\|_J^2 + \|Q^n\|_J^2 \leqslant C, \quad n = 0, 1, \cdots, N.$$

利用引理 6.1.1 和引理 6.1.2, 我们有

$$\|P^n + Q^n i\|_{J,4}^4$$

$$\leqslant 2\|P^n + Q^n i\|_J^3 \|\delta_x(P^n + Q^n i)\|_J + \frac{1}{L}\|P^n + Q^n i\|_J^4$$

$$\leqslant 2\|P^n + Q^n i\|_J^3 \|\!|\delta_x(P^n + Q^n i)\|\!|_J + \frac{1}{L}\|P^n + Q^n i\|_J^4$$

$$\leqslant \frac{1}{\alpha}\|\!|\delta_x(P^n + Q^n i)\|\!|_J^2 + \alpha\|P^n + Q^n i\|_J^6 + \frac{1}{L}\|P^n + Q^n i\|_J^4$$

$$= \frac{1}{\alpha}\left(\|\!|\delta_x P^n\|\!|_J^2 + \|\!|\delta_x Q^n\|\!|_J^2\right) + \alpha\left(\|P^n\|_J^2 + \|Q^n\|_J^2\right)^3 +$$

$$\frac{1}{L}\left(\|P^n\|_J^2 + \|Q^n\|_J^2\right)^2.$$

由定理 6.1.1 并考虑到 $2hH^0 \leqslant C$, 我们有

$$\|\!|\delta_x P^n\|\!|_J^2 + \|\!|\delta_x Q^n\|\!|_J^2 = \frac{\alpha}{2}\|P^n + Q^n i\|_{J,4}^4 + 2hH^0$$

$$\leqslant \frac{1}{2}\left(\|\!|\delta_x P^n\|\!|_J^2 + \|\!|\delta_x Q^n\|\!|_J^2\right) + \frac{\alpha^2}{2}\left(\|P^n\|_J^2 + \|Q^n\|_J^2\right)^3 +$$

$$\frac{\alpha}{2L}\left(\|P^n\|_J^2 + \|Q^n\|_J^2\right)^2 + 2hH^0,$$

即

$$\|\!|\delta_x P^n\|\!|_J^2 + \|\!|\delta_x Q^n\|\!|_J^2 \leqslant \alpha^2(\|P^n\|_J^2 + \|Q^n\|_J^2)^3 + \frac{\alpha}{L}(\|P^n\|_J^2 + \|Q^n\|_J^2)^2 + 4hH^0 \leqslant C.$$

因此, 利用引理 6.1.1 和引理 6.1.2, 我们可以得到

$$\|\delta_x P^n\|_J^2 + \|\delta_x Q^n\|_J^2 \leqslant \|\!|\delta_x P^n\|\!|_J^2 + \|\!|\delta_x Q^n\|\!|_J^2 \leqslant C,$$

$$\|P^n\|_\infty^2 + \|Q^n\|_\infty^2 \leqslant 2\|P^n\|_J\|\delta_x P^n\|_J + 2\|Q^n\|_J\|\delta_x Q^n\|_J + \frac{1}{L}\left(\|P^n\|_J^2 + \|Q^n\|_J^2\right)$$

$$\leqslant C.$$

$\square$

6.2 误 差 估 计

下面我们研究数值解的收敛性行为. 我们先引入一些概念和基本结论.

我们定义投影算子 $\Pi_J : H^1(\Omega) \longrightarrow S^h$ 为: 对任意 $u \in H^1(\Omega)$, 有

$$(\partial_x(u - \Pi_J u), \partial_x v) = 0, \quad \forall v \in S^h.$$

根据经典的投影理论 [48-49], 我们有

$$\|u - \Pi_J u\| \leqslant Ch^2|u|_2. \tag{6.15}$$

引理 6.2.1　对任意函数 $u, v \in H_*^1(\Omega)$, 我们记

$$\langle u, v \rangle_J = \sum_{j=0}^{J-1} \frac{h}{2} \sum_{l=0}^{1} u(x_{j+l})v(x_{j+l}) = h \sum_{j=0}^{J-1} u(x_j)v(x_j), \quad \|u\|_J = \langle u, u \rangle_J^{1/2}.$$

我们有

$$\|u\| \leqslant \|u\|_J \leqslant \sqrt{3}\|u\|, \quad \forall u \in S^h.$$

令 $p^n = p(t_n), q^n = q(t_n) \in H_*^1(\Omega)$ 和 P^n, Q^n 分别为式 (1.6)~ 式(1.7)和式(6.10)~ 式(6.11)在 $t = t_n$ 处的解, $n = 0, 1, \cdots, N$. 令数值解为

$$P_J^n = \sum_{j=0}^{J-1} P_j^n F_j(x), \quad Q_J^n = \sum_{j=0}^{J-1} Q_j^n F_j(x).$$

定理 6.2.1　假设精确解满足 $p(x,t), q(x,t) \in C^{2,3}(\Omega \times [t_0, t_N])$. 我们可以得到下面的 L^2 误差估计:

$$\|p^N - P_J^N\| + \|q^N - Q_J^N\| \lesssim \tau^2 + h^2,$$

$$\|p^N - P_J^N\|_J + \|q^N - Q_J^N\|_J \lesssim \tau^2 + h^2.$$

证明　我们注意到求解式 (6.10)和式(6.11)等价于: 求 $P_J^n, Q_J^n \in S^h$ 使得对任意 $v, w \in S^h$, 有

$$(\delta_t P_J^n, v) - ((Q_J^{n+1/2})_x, v_x) + \frac{\alpha}{2}(I_J(((P_J^n)^2 + (Q_J^n)^2 +$$

$$(P_J^{n+1})^2 + (Q_J^{n+1})^2)Q_J^{n+1/2}), v) = 0, \tag{6.16}$$

$$(\delta_t Q_J^n, w) + ((P_J^{n+1/2})_x, w_x) - \frac{\alpha}{2}(I_J(((P_J^n)^2 + (Q_J^n)^2 +$$

$$(P_J^{n+1})^2 + (Q_J^{n+1})^2)P_J^{n+1/2}), w) = 0. \tag{6.17}$$

令 $E_1^n, E_2^n, n = 0, 1, 2, \cdots, N$ 为截断误差, 定义为

$$\delta_t p^n + q_{xx}^{n+1/2} + \frac{\alpha}{2}\left((p^n)^2 + (q^n)^2 + (p^{n+1})^2 + (q^{n+1})^2\right)q^{n+1/2} = E_1^n,$$

$$\delta_t q^n - p_{xx}^{n+1/2} - \frac{\alpha}{2}\left((p^n)^2 + (q^n)^2 + (p^{n+1})^2 + (q^{n+1})^2\right)p^{n+1/2} = E_2^n.$$

我们有

$$(\delta_t p^n, v) - ((\Pi_J q)_x^{n+1/2}, v_x) + \frac{\alpha}{2}(((p^n)^2 + (q^n)^2 +$$

$$(p^{n+1})^2 + (q^{n+1})^2)q^{n+1/2}, v) = (E_1^n, v), \tag{6.18}$$

$$(\delta_t q^n, w) + ((\Pi_J p)_x^{n+1/2}, w_x) - \frac{\alpha}{2}(((p^n)^2 + (q^n)^2 +$$

$$(p^{n+1})^2 + (q^{n+1})^2)p^{n+1/2}, w) = (E_2^n, w). \tag{6.19}$$

我们记 $e_p^n = \Pi_J p^n - P_J^n$, $e_q^n = \Pi_J q^n - Q_J^n$, $e^n = \|e_p^n\|^2 + \|e_q^n\|^2$,

$$\phi_1^n = ((p^n)^2 + (q^n)^2 + (p^{n+1})^2 + (q^{n+1})^2)q^{n+1/2},$$

$$\Phi_1^n = ((P_J^n)^2 + (Q_J^n)^2 + (P_J^{n+1})^2 + (Q_J^{n+1})^2)Q_J^{n+1/2},$$

$$\phi_2^n = ((p^n)^2 + (q^n)^2 + (p^{n+1})^2 + (q^{n+1})^2)p^{n+1/2},$$

$$\Phi_2^n = ((P_J^n)^2 + (Q_J^n)^2 + (P_J^{n+1})^2 + (Q_J^{n+1})^2)P_J^{n+1/2}.$$

考虑到 $\|p^n\|_\infty, \|q^n\|_\infty, \|P^n\|_\infty, \|Q^n\|_\infty \leqslant C$. 基于经典的插值理论 [48-49], 并由式 (6.15), 我们有

$$\|\phi_1^n - I_J\phi_1^n\| \lesssim h^2|\phi_1^n|_2, \quad \|\phi_2^n - I_J\phi_2^n\| \lesssim h^2|\phi_2^n|_2,$$

$$\|I_J(\phi_1^n - \Phi_1^n)\|^2$$

$$\leqslant C\left\|\sum_{j=0}^{J-1}(|p^n(x_j) - P_j^n| + |q^n(x_j) - Q_j^n| + |p^{n+1}(x_j) - P_j^{n+1}| +$$

$$|q^{n+1}(x_j) - Q_j^{n+1}|)F_j(x)\right\|^2$$

$$\lesssim \||I_J|p^n - P_J^n|\||^2 + \||I_J|q^n - Q_J^n|\||^2 + \||I_J|p^{n+1} - P_J^{n+1}|\||^2 + \||I_J|q^{n+1} - Q_J^{n+1}|\||^2$$

$$\leqslant \||I_J|p^n - P_J^n|\||_J^2 + \||I_J|q^n - Q_J^n|\||_J^2 + \||I_J|p^{n+1} - P_J^{n+1}|\||_J^2 + \||I_J|q^{n+1} - Q_J^{n+1}|\||_J^2$$

$$= \|I_J p^n - P_J^n\|_J^2 + \|I_J q^n - Q_J^n\|_J^2 + \|I_J p^{n+1} - P_J^{n+1}\|_J^2 + \|I_J q^{n+1} - Q_J^{n+1}\|_J^2$$

$$\leqslant 3(\|I_J p^n - P_J^n\|^2 + \|I_J q^n - Q_J^n\|^2 + \|I_J p^{n+1} - P_J^{n+1}\|^2 + \|I_J q^{n+1} - Q_J^{n+1}\|^2)$$

$$\lesssim e^n + e^{n+1} + h^4,$$

$$\|I_J(\phi_2^n - \Phi_2^n)\|^2 \lesssim e^n + e^{n+1} + h^4.$$

式(6.18)和式(6.19)分别减式(6.16)和式(6.17), 我们可得

$$(\delta_t(p^n - \Pi_J p^n), v) + (\delta_t e_p^n, v) - ((e_q)_x^{n+1/2}, v_x) +$$

$$\frac{\alpha}{2}(\phi_1^n - I_J\phi_1^n + I_J(\phi_1^n - \Phi_1^n), v) = (E_1^n, v), \tag{6.20}$$

$$(\delta_t(q^n - \Pi_J q^n), w) + (\delta_t e_q^n, w) + ((e_p)_x^{n+1/2}, w_x) -$$

$$\frac{\alpha}{2}(\phi_2^n - I_J\phi_2^n + I_J(\phi_2^n - \Phi_2^n), w) = (E_2^n, w). \tag{6.21}$$

令 $v = e_p^{n+1/2}$, $w = e_q^{n+1/2}$, 并考虑式(6.20)和式(6.21), 我们可得

$$\frac{1}{2}\delta_t(\|e_p^n\|^2 + \|e_q^n\|^2) + (\delta_t(p^n - \Pi_J p^n), e_p^{n+1/2}) + (\delta_t(q^n - \Pi_J q^n), e_q^{n+1/2}) +$$

$$\frac{\alpha}{2}(I_J(\phi_1^n - \Phi_1^n), e_p^{n+1/2}) + \frac{\alpha}{2}(\phi_1^n - I_J\phi_1^n, e_p^{n+1/2}) - \frac{\alpha}{2}(I_J(\phi_2^n - \Phi_2^n), e_q^{n+1/2}) -$$

$$\frac{\alpha}{2}(\phi_2^n - I_J\phi_2^n, e_q^{n+1/2}) = (E_1^n, e_p^{n+1/2}) + (E_2^n, e_q^{n+1/2}).$$

取 $n = 0, 1, \cdots, N-1$, 我们有

$$\frac{1}{\tau}(e^{n+1} - e^n) \lesssim \|I_J(\phi_1^n - \Phi_1^n)\|^2 + \|I_J(\phi_2^n - \Phi_2^n)\|^2 + \|\phi_1^n - I_J\phi_1^n\|_J^2 +$$

$$\|\phi_2^n - I_J\phi_2^n\|^2 + \|\delta_t(p^n - \Pi_J p^n)\|^2 + \|\delta_t(q^n - \Pi_J q^n)\|^2 +$$

$$\|e_p^{n+1/2}\|^2 + \|e_q^{n+1/2}\|^2 + \|E_1^n\|^2 + \|E_2^n\|^2$$

$$\lesssim e^n + e^{n+1} + \tau^4 + h^4.$$

由 Gronwall 不等式, 对 $\tau \leqslant \dfrac{1}{4C}\dfrac{N-1}{N}$, 有

$$e^N \lesssim \tau \sum_{n=1}^{N}\left(\tau^4 + h^4\right) \lesssim \tau^4 + h^4,$$

即

$$\|\Pi_J p^N - P_J^N\| + \|\Pi_J q^N - Q_J^N\| \lesssim \tau^2 + h^2. \tag{6.22}$$

再由三角不等式、插值和投影理论及式(6.22), 我们可以得到 L^2 误差估计

$$\|p^N - P_J^N\| + \|q^N - Q_J^N\|$$

$$\leqslant \|p^N - \Pi_J p^N\| + \|q^N - \Pi_J q^N\| + \|\Pi_J p^N - P_J^N\| + \|\Pi_J q^N - Q_J^N\|$$

$$\lesssim \tau^2 + h^2,$$

$$\|p^N - P_J^N\|_J + \|q^N - Q_J^N\|_J$$

$$= \|I_J p^N - P_J^N\|_J + \|I_J q^N - Q_J^N\|_J \leqslant \sqrt{3}\left(\|I_J p^N - P_J^N\| + \|I_J q^N - Q_J^N\|\right)$$

$$\lesssim \tau^2 + h^2.$$

□

6.3 数 值 实 验

在本节, 我们考虑 $\alpha = 2$ 的非线性薛定谔方程(1.6)~(1.7), 用 CNG 方法 (6.10)~(6.11)进行数值求解, 并通过数值实验验证解的保能量守恒特性、保质量守恒特性和误差估计.

我们定义在 $t = t_n$ 处的相对能量误差和相对质量误差分别为

$$RH_n = \frac{|H^n - H^0|}{|H^0|}, \quad RM_n = \frac{|M^n - M^0|}{|M^0|}, \quad n = 0, 1, \cdots, N,$$

其中 $H^n = H(P^n; Q^n)$ 和 $M^n = M(P^n; Q^n)$ 分别为能量和质量.

在 $t = t_n$ 处离散的 L^2 误差和离散的 L^∞ 误差的定义为

$$L^2\text{-error}_n(h, \tau) = \|p^n - P^n\|_J + \|q^n - Q^n\|_J,$$

$$L^\infty\text{-error}_n(h, \tau) = \|p^n - P^n\|_\infty + \|q^n - Q^n\|_\infty.$$

我们定义误差阶为

$$\mathrm{Order}_h(\tau_0) = \frac{\log_2 \dfrac{\mathrm{error}_n(h_1,\tau_0)}{\mathrm{error}_n(h_2,\tau_0)}}{\log_2 \dfrac{h_1}{h_2}}, \quad \mathrm{Order}_\tau(h_0) = \frac{\log_2 \dfrac{\mathrm{error}_n(h_0,\tau_1)}{\mathrm{error}_n(h_0,\tau_2)}}{\log_2 \dfrac{\tau_1}{\tau_2}}.$$

6.3.1　数值实验 1: 单孤立波

首先, 我们考虑薛定谔方程(1.5), 取初值为

$$u(x,0) = 1.5\,\mathrm{sech}(1.5(x-p))\exp(-2i(x-p)),$$

其中 p 为初始相位. 取区间 $\Omega = [-15,15]$, $h = 0.1$, $\tau = 0.01$, $p = 0$, 并考虑周期边界条件(1.8), 我们用 CNG 方法进行计算. 为了研究数值解的长时间演化行为, 我们取计算时间为 $t = 110$.

图 6.1表示 CNG 方法从 $t = 0$ 计算到 $t = 110$ 的数值解. 从图 6.1中我们可以看出, 数值解是一个从右往左传播的孤立波, 并且在长时间计算中波形保持不变. 这意味着 CNG 方法在长时间计算中的数值行为表现良好. 图 6.2表示从 $t = 0$ 计算到 $t = 110$ 的数值解的相对能量误差和相对质量误差. 我们可以看到, 数值解保持系统能量守恒和质量守恒达到舍入误差, 这一点符合定理 6.1.1. 有一点要说明的是, 误差图看起来呈现缓慢线性增长的趋势, 并且后面的数值试验中也出现了类似的情况, 这是因为在求解离散格式的时候, 每一步都会引入迭代误差.

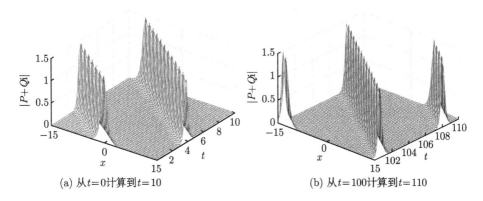

(a) 从$t=0$计算到$t=10$　　　　　(b) 从$t=100$计算到$t=110$

图 6.1　CNG 方法求解数值实验 1 得到的孤立波数值解的传播

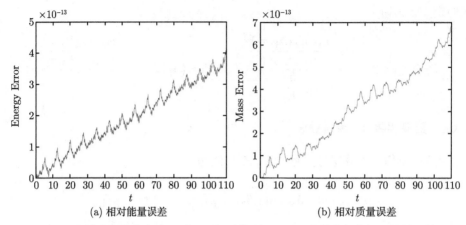

(a) 相对能量误差   (b) 相对质量误差

图 6.2   CNG 方法求解数值实验 1 从 $t = 0$ 计算到 $t = 110$ 的数值解的相对能量误差和相对
质量误差

6.3.2   数值实验 2: 双孤立波

其次, 我们考虑薛定谔方程两个孤立波碰撞的情形. 我们取初始条件为

$$u(x,0) = 1.5\operatorname{sech}(1.5(x-p))\exp(-2i(x-p)) + 1.5\operatorname{sech}(1.5(x+p))\exp(2i(x+p)).$$

在这个初始条件下, 两个孤立波的初始相位关于原点对称, 振幅相同, 传播速度相反. 取区间 $\Omega = [-15, 15]$, $h = 0.1$, $\tau = 0.01$, $p = 5$, 并考虑周期边界条件(1.8), 我们利用 CNG 方法从 $t = 0$ 计算到 $t = 110$.

图 6.3呈现了两个孤立波碰撞的结果. 从图 6.3 中我们可以看出, 两个孤立波之间产生弹性碰撞, 并且碰撞后各自沿着原来的方向保持原来的速度继续传播. 这意味着 CNG 方法在长时间计算中的数值行为表现良好. 图 6.4表示从 $t = 0$ 计算到 $t = 110$ 的数值解的相对能量误差和相对质量误差. 我们可以看到, 数值解保持系统能量和质量守恒达到舍入误差.

6.3.3   数值实验 3: 精度测试

最后, 我们取薛定谔方程(1.5)的初值为

$$u(x,0) = \operatorname{sech}(x)\exp(2ix),$$

精确解为

$$u(x,t) = \operatorname{sech}(x - 4t)\exp(2ix - 3it).$$

我们取空间区间为 $\Omega = [-10, 10]$, 考虑周期边界条件(1.8), 并取不同的 h 和 τ 来测试解的误差估计.

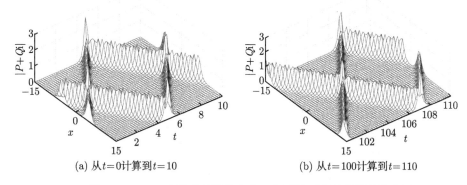

(a) 从 $t = 0$ 计算到 $t = 10$ (b) 从 $t = 100$ 计算到 $t = 110$

图 6.3   CNG 方法求解数值实验 2 得到的孤立波数值解的传播

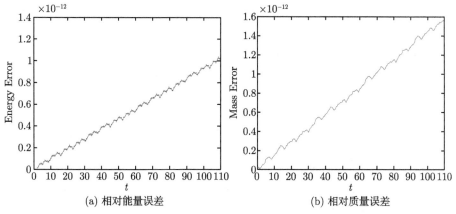

(a) 相对能量误差   (b) 相对质量误差

图 6.4   CNG 方法求解数值实验 2 从 $t = 0$ 计算到 $t = 110$ 的数值解的相对能量误差和相对质量误差

     根据定理 6.2.1, 我们分别在时间方向和空间方向上测试格式收敛阶. 首先, 我们给定空间步长 $h = 0.02$, 从而忽略空间方向的误差. 表 6.1 表示 CNG 方法从 $t = 0$ 计算到 $t = 1$ 的数值解, 取不同的时间步长得到的时间精度. 显然, 我们可以看出时间方向的收敛阶为 2, 这一点符合定理 6.2.1. 其次, 我们给定时间步

长 $\tau = 0.001$, 忽略时间方向的误差. 表 6.2表示 CNG 方法取不同的空间步长从 $t = 0$ 计算到 $t = 1$ 得到的数值解. 我们可以看出空间方向的收敛阶也为 2. 最后, 我们在时间方向上和空间方向上取相同的步长 $h = \tau$ 来测试收敛阶. 从表 6.3我们可以看出收敛阶也是 2. 综上可知数值实验结果是非常符合误差估计的.

表 6.1 CNG 方法从 $t = 0$ 计算到 $t = 1$ 的数值解, 取空间步长 $h = 0.02$ 和不同的时间步长得到的时间精度

$t_N = 1$	L^∞-error$_n(\tau)$	L^∞-Order$_\tau$	L^2-error$_n(\tau)$	L^2-Order$_\tau$
$\tau_1 = 1/10$	0.289 98	—	0.306 12	—
$\tau_2 = 1/11$	0.238 54	2.048 6	0.256 01	1.875 8
$\tau_3 = 1/12$	0.197 06	2.195 4	0.216 05	1.950 0
$\tau_4 = 1/13$	0.164 68	2.242 6	0.184 12	1.998 1
$\tau_5 = 1/14$	0.139 86	2.204 5	0.158 45	2.025 7
$\tau_6 = 1/15$	0.120 41	2.170 5	0.137 65	2.040 0

表 6.2 CNG 方法从 $t = 0$ 计算到 $t = 1$ 的数值解, 取时间步长 $\tau = 0.001$ 和不同的空间步长得到的时间精度

$t_N = 1$	L^∞-error$_n(\Delta x)$	L^∞-Order$_{\Delta x}$	L^2-error$_n(\Delta x)$	L^2-Order$_{\Delta x}$
$h_1 = 2/10$	$2.319\ 3 \times 10^{-1}$	—	$2.749\ 8 \times 10^{-1}$	—
$h_2 = 2/15$	$1.074\ 2 \times 10^{-1}$	1.898 4	$1.244\ 4 \times 10^{-1}$	1.955 5
$h_3 = 2/20$	$6.135\ 5 \times 10^{-2}$	1.946 8	$7.050\ 3 \times 10^{-2}$	1.975 0
$h_4 = 2/25$	$3.945\ 2 \times 10^{-2}$	1.979 0	$4.537\ 9 \times 10^{-2}$	1.974 5
$h_5 = 2/30$	$2.744\ 3 \times 10^{-2}$	1.990 8	$3.173\ 9 \times 10^{-2}$	1.960 9
$h_6 = 2/35$	$2.019\ 5 \times 10^{-2}$	1.989 3	$2.356\ 0 \times 10^{-2}$	1.933 0
$h_7 = 2/40$	$1.550\ 4 \times 10^{-2}$	1.979 9	$1.831\ 0 \times 10^{-2}$	1.888 0

表 6.3 CNG 方法取 $h = \tau$ 得到的解误差

$t_N = 1$	L^∞-error$_n$	L^∞-Order	L^2-error$_n$	L^2-Order
$\tau_1 = h_1 = 0.1$	$2.339\ 8 \times 10^{-1}$	—	$2.500\ 9 \times 10^{-1}$	—
$\tau_2 = h_2 = 0.05$	$5.340\ 3 \times 10^{-2}$	2.131 4	$6.266\ 2 \times 10^{-2}$	1.996 8
$\tau_3 = h_3 = 0.025$	$1.308\ 1 \times 10^{-3}$	2.029 4	$1.627\ 9 \times 10^{-3}$	1.944 6

6.4 结　　论

我们研究了用有限元方法对一维哈密尔顿偏微分方程进行半离散的一些性质. 用 Galerkin 有限元方法对哈密尔顿偏微分方程进行半离散, 依然可以得到

具有哈密尔顿结构的系统. 基于这个思想, 我们首先在空间方向上用 Galerkin 方法进行半离散, 然后再用 Crank-Nicolson 方法求解, 得到非线性薛定谔方程的一个新的 CNG 格式. 空间半离散后得到的常微分方程组是一个典则的哈密尔顿系统. 新格式同时保持系统能量和质量. 该格式是收敛的, 没有网格比限制条件, 且收敛阶在离散的 L^2 范数下为 $\mathcal{O}(h^2 + \tau^2)$. 上述结论在数值实验中得到了验证.

第 7 章 二维薛定谔方程的保能量 Crank-Nicolson Galerkin 谱元法

在本章, 我们给出了二维非线性薛定谔方程的 Crank-Nicolson Galerkin 谱元法. 这种方法的主要思想是首先把二维薛定谔方程改写为一个无限维哈密尔顿系统, 在空间方向上用 Galerkin 谱元法对这个系统进行半离散, 并将这个半离散系统改写为常微分哈密尔顿系统的形式, 其次用 Crank-Nicolson 方法求解新得到的半离散系统, 最后得到薛定谔方程的一个新的保能量格式. 我们推导了新格式的误差估计, 并证明了新格式是收敛的, 且收敛阶在离散的 L^2 范数意义下为 $\mathcal{O}(\tau^2 + h^2)$. 这个误差估计并不需要网格比限制. 我们用数值实验验证了新格式的守恒特性和收敛阶[89].

7.1 问 题 介 绍

在本章, 我们考虑二维非线性薛定谔方程

$$iu_t + \Delta u + \alpha|u|^2 u = 0, \quad (x,y) \in (x_L, x_R) \times (y_L, y_R), \quad 0 < t \leqslant T, \quad (7.1)$$

$$u(x,y,0) = \varphi(x,y), \quad (x,y) \in \Omega = \Omega_x \times \Omega_y = [x_L, x_R] \times [y_L, y_R],$$

考虑 (L_x, L_y) 周期边界条件

$$u(x + L_x, y, t) = u(x, y, t), u(y + L_y, t) = u(x, y, t), \quad (x, y) \in \Omega, 0 \leqslant t \leqslant T,$$

其中 $\Delta = \dfrac{\partial}{\partial x^2} + \dfrac{\partial}{\partial y^2}$ 为 Laplace 算子, $\mathrm{i} = \sqrt{-1}, x_R > x_L, y_R > y_L, L_x = x_R - x_L,$ $L_y = y_R - y_L, \alpha \neq 0$ 为实常数, φ 为复值函数. 薛定谔方程是孤立波理论中最重要的完全可积系统之一, 并且在水波、等离子、光脉冲等物理领域中扮演着非常

重要的角色 [69-70]. 当 $\alpha > 0$ 时, 方程(7.1)是聚焦的; 当 $\alpha < 0$ 时, 方程 (7.1) 是散焦的.

能量守恒是哈密尔顿系统的一个非常重要的性质. 令 $u(x,t) = p(x,t) + q(x,t)\mathrm{i}$, 二维薛定谔方程(7.1)等价于下列形式:

$$p_t + \Delta q + \alpha(p^2 + q^2)q = 0, \tag{7.2}$$

$$q_t - \Delta p - \alpha(p^2 + q^2)p = 0. \tag{7.3}$$

系统(7.2)~(7.3)可以写成无限维哈密尔顿系统的形式[90]:

$$\frac{\mathrm{d}z}{\mathrm{d}t} = S\frac{\delta H(z)}{\delta z}, \tag{7.4}$$

其中 $z = (p,q)^{\mathrm{T}}$,

$$S = \begin{pmatrix} 0 & 1 \\ -1 & 0 \end{pmatrix},$$

哈密尔顿函数为

$$H(z) = \int_{y_L}^{y_R} \int_{x_L}^{x_R} \frac{1}{2}\left[p_x^2 + p_y^2 + q_x^2 + q_y^2 - \frac{\alpha}{2}(p^2 + q^2)^2\right]\mathrm{d}x\mathrm{d}y.$$

系统(7.4)满足质量守恒 $M(t) = \int_{y_L}^{y_R} \int_{x_L}^{x_R} (p^2 + q^2)\mathrm{d}x\mathrm{d}y = M(0)$ 和能量守恒

$$\frac{\mathrm{d}}{\mathrm{d}t}H(t) = \int_{\Omega} \left(\frac{\delta H}{\delta p}\frac{\partial p}{\partial t} + \frac{\delta H}{\delta q}\frac{\partial q}{\partial t}\right)\mathrm{d}x\mathrm{d}y +$$

$$\int_{y_L}^{y_R} \frac{\partial p}{\partial x}\frac{\partial p}{\partial t}\bigg|_{x=x_L}^{x_R} \mathrm{d}y + \int_{x_L}^{x_R} \frac{\partial q}{\partial y}\frac{\partial q}{\partial t}\bigg|_{y=y_L}^{y_R} \mathrm{d}x = 0.$$

这两个守恒律意味着, 不管是聚焦还是满足条件 $\|\varphi\|^2 \leqslant \dfrac{2 - \tilde{\varepsilon}}{4(1 + \varepsilon)\alpha}$ 的散焦的情形, 系统的解都是有界的, 即 $\|u(\cdot,\cdot,t)\|_{H^1_{\mathrm{periodic}}} < \infty$, 其中 ε 和 $\tilde{\varepsilon}$ 为两个足够小的正常数 [6,91-92].

在本章, 我们首先采用 Galerkin 谱元法对二维非线性薛定谔方程进行空间半离散, 其次把得到的常微分方程组写成一个有限维典则哈密尔顿系统, 最后用

Crank-Nicolson 方法对得到的常微分哈密尔顿系统进行求解, 就可以得到非线性薛定谔方程的一个新的数值格式. 这个格式保持系统离散质量和离散能量. 我们给出了不带网格比限制条件的误差估计, 并证明了这个新格式是收敛的, 且收敛阶在离散 L^2 范数下为 $\mathcal{O}(\tau^2 + h^2)$. 另外, 我们还可利用快速傅里叶变换和快速傅里叶逆变换算法来提高计算速度.

7.2　Crank-Nicolson Galerkin 谱元法及其守恒律

7.2.1　空间离散

令 $H^1_*(\Omega) = \{u \in H^1(\Omega) : u(x+L_x,y) = u(x,y),\ u(x,y+L_y) = u(x,y)\}$, 并且对任意 $u,v \in L^2(\Omega)$, $(u,v) = (u,v)_\Omega = \int_\Omega uv\mathrm{d}x\mathrm{d}y$, $\|u\| = \|u\|_\Omega = (u,u)^{1/2}_\Omega$. 系统(7.2)~(7.3)的弱形式为: 求 $p,q \in H^1_*(\Omega)$, 使得对任意 $v,w \in H^1_*(\Omega)$,

$$(p_t, v) - (\nabla q, \nabla v) + \alpha\left((p^2+q^2)q, v\right) = 0, \tag{7.5}$$

$$(q_t, w) + (\nabla p, \nabla w) - \alpha\left((p^2+q^2)p, w\right) = 0, \tag{7.6}$$

初始条件为 $p(x,y,0) = p_0(x,y)$, $q(x,y,0) = q_0(x,y)$.

用两列 $J+1$ 个均匀网格点对区间 Ω_x 和 Ω_y 进行剖分:

$$x_j = x_L + jh_x, \quad y_j = y_L + jh_y, \quad j = 0,1,\cdots,J,$$

其中取两个空间步长为 $h_x = L_x/J$, $h_y = L_y/J$. 在本章, 我们统一空间步长 $L = L_x = L_y$, $h = h_x = h_y$. 令 $\Omega_{x_j} = [x_j, x_{j+1}]$, $\Omega_{y_j} = [y_j, y_{j+1}]$, $j = 0,1,\cdots,J-1$. 令 P_1 为所有阶小于等于 1 的多项式行数的集合. 我们定义分段多项式空间为

$$S^h = \left\{u \in H^1_*(\Omega) : u(x)|_{\Omega_{x_j}} \in P_1(\Omega_{x_j}), u(y)|_{\Omega_{y_j}} \in P_1(\Omega_{y_j}), j = 0,\cdots,J-1\right\}.$$

下面我们用 Galerkin 谱元法[54] 对二维薛定谔方程(7.5)~(7.6)进行空间离散.

为了简便, 本章采用分段线性基函数, 其他谱元方法所用的基函数也可以类似地应用. 我们定义基函数为

$$F_0(\xi) = \begin{cases} (\xi_1 - x)/h, & \xi_0 < \xi \leqslant \xi_1, \\ (\xi - \xi_{J-1})/h, & \xi_{J-1} < \xi \leqslant \xi_J, \\ 0, & \text{其他,} \end{cases}$$

$$F_j(\xi) = \begin{cases} (\xi - \xi_{j-1})/h, & \xi_{j-1} < \xi \leqslant \xi_j, \\ (\xi_{j+1} - \xi)/h, & \xi_j < \xi \leqslant \xi_{j+1}, \quad j = 1, \cdots, J-1, \\ 0, & \text{其他,} \end{cases}$$

其中 $\xi = x, y$. 我们设 $p(x,y,t)$ 和 $q(x,y,t)$ 可以分别由下式逼近:

$$\hat{p}(x,y,t) = \sum_{k=0}^{J-1}\sum_{j=0}^{J-1} \hat{p}_{jk}(t)F_j(x)F_k(y), \quad \hat{q}(x,y,t) = \sum_{k=0}^{J-1}\sum_{j=0}^{J-1} \hat{q}_{jk}(t)F_j(x)F_k(y),$$

其中 $\hat{p}_{jk}$, $\hat{q}_{jk}$, $j,k = 0,1,\cdots,J-1$ 是以时间为变量的待定系数. 我们定义插值算子 $I_J : L^2(\Omega) \longrightarrow S^h$ 为

$$I_J u = \sum_{k=0}^{J-1}\sum_{j=0}^{J-1} u(x_j,y_k)F_j(x)F_k(y), \quad \forall u \in L^2(\Omega).$$

我们有

$$I_J\left((\hat{p}^2 + \hat{q}^2)\hat{p}\right) = \sum_{k=0}^{J-1}\sum_{j=0}^{J-1}(\hat{p}_{jk}^2 + \hat{q}_{jk}^2)\hat{p}_{jk}F_j(x)F_k(y),$$

$$I_J\left((\hat{p}^2 + \hat{q}^2)\hat{q}\right) = \sum_{k=0}^{J-1}\sum_{j=0}^{J-1}(\hat{p}_{jk}^2 + \hat{q}_{jk}^2)\hat{q}_{jk}F_j(x)F_k(y).$$

系统(7.5)~(7.6)的 Galerkin 谱元法为: 求 $\hat{p},\hat{q} \in S^h$, 使得

$$(\partial_t\hat{p},\Phi_1) - (\nabla\hat{q},\nabla\Phi_1) + \alpha\left(I_J((\hat{p}^2+\hat{q}^2)\hat{q}),\Phi_1\right) = 0, \quad \forall \Phi_1 \in S^h, \tag{7.7}$$

$$(\partial_t\hat{q},\Phi_2) + (\nabla\hat{p},\nabla\Phi_2) - \alpha\left(I_J((\hat{p}^2+\hat{q}^2)\hat{p}),\Phi_2\right) = 0, \quad \forall \Phi_2 \in S^h, \tag{7.8}$$

初始条件为 $\hat{p}(x_j,y_k,t_0) = p(x_j,y_k,t_0)$, $\hat{q}(x_j,y_k,t_0) = q(x_j,y_k,t_0)$, $j,k = 0,\cdots,$ $J-1$.

7.2.2 有限维哈密尔顿系统

为了推导出格式的结构矩阵, 我们首先考虑一维的情形, 然后推广到二维. 对 $j = 1, 2, \cdots, J - 1$ 和 $v(\xi) = \sum\limits_{k=0}^{J-1} v_k F_k(\xi)$, 我们有

$$\int_{\Omega_\xi} v F_j \mathrm{d}\xi = \int_{\xi_{j-1}}^{\xi_j} v F_j \mathrm{d}\xi + \int_{\xi_j}^{\xi_{j+1}} v F_j \mathrm{d}\xi = A_h v_j,$$

$$\int_{\Omega_\xi} \partial_\xi v \partial_\xi F_j \mathrm{d}\xi = \int_{\xi_{j-1}}^{\xi_j} \partial_\xi v \partial_\xi F_j \mathrm{d}\xi + \int_{\xi_j}^{\xi_{j+1}} \partial_\xi v \partial_\xi F_j \mathrm{d}\xi = B_h v_j,$$

其中变量取 $\xi = x, y$, 并且我们令

$$A_h v_j = \frac{h}{6}(v_{j-1} + 4v_j + v_{j+1}), \quad B_h v_j = -\frac{1}{h}(v_{j-1} - 2v_j + v_{j+1}).$$

同理, 我们有

$$\int_{\Omega_\xi} v F_0 \mathrm{d}\xi = \frac{h}{6}(v_{J-1} + 4v_0 + v_1),$$

$$\int_{\Omega_\xi} \partial_\xi v \partial_\xi F_0 \mathrm{d}\xi = -\frac{1}{h}(v_{J-1} - 2v_0 + v_1).$$

我们令矩阵

$$A = \frac{h}{6}\begin{pmatrix} 4 & 1 & 0 & \cdots & 0 & 1 \\ 1 & 4 & 1 & 0 & \cdots & 0 \\ 0 & \ddots & \ddots & \ddots & & \vdots \\ \vdots & & \ddots & \ddots & \ddots & 0 \\ 0 & \cdots & 0 & 1 & 4 & 1 \\ 1 & 0 & \cdots & 0 & 1 & 4 \end{pmatrix}_{J \times J},$$

$$B = \frac{-1}{h}\begin{pmatrix} -2 & 1 & 0 & \cdots & 0 & 1 \\ 1 & -2 & 1 & 0 & \cdots & 0 \\ 0 & \ddots & \ddots & \ddots & & \vdots \\ \vdots & & \ddots & \ddots & \ddots & 0 \\ 0 & \cdots & 0 & 1 & -2 & 1 \\ 1 & 0 & \cdots & 0 & 1 & -2 \end{pmatrix}_{J \times J}.$$

我们考虑

$$A = \mathcal{F}^{\mathrm{H}} \Lambda_A \mathcal{F}, \quad B = \mathcal{F}^{\mathrm{H}} \Lambda_B \mathcal{F},$$

其中 $\mathcal{F}$ 为离散的 Fourier 变换矩阵, 定义为 $\mathcal{F}_{j,k} = \dfrac{1}{\sqrt{J}} \mathrm{e}^{-\mathrm{i}\frac{2\pi}{J}jk}$, $j, k = 0, 1, \cdots,$ $J-1$. $\mathcal{F}^{\mathrm{H}}$ 是 $\mathcal{F}$ 的共轭, 且

$$\Lambda_A = \mathrm{diag}(\lambda_{A,0}, \lambda_{A,1}, \cdots, \lambda_{A,J-1}), \quad \lambda_{A,j} = \frac{h}{6}\left(4 + 2\cos\frac{2j\pi}{J}\right), \tag{7.9}$$

$$\Lambda_B = \mathrm{diag}(\lambda_{B,0}, \lambda_{B,1}, \cdots, \lambda_{B,J-1}), \quad \lambda_{B,j} = \frac{4}{h}\sin^2\frac{j\pi}{J}. \tag{7.10}$$

令 $D = \mathcal{F}^{\mathrm{H}} \Lambda_D \mathcal{F}$, 其中 $\Lambda_D = \mathrm{diag}(\lambda_{D,0}, \lambda_{D,1}, \cdots, \lambda_{D,J-1}) = \Lambda_A^{-1}\Lambda_B$, 并记空间 $X_J = \{u : u = (u_{jk})_{j,k=0}^{J-1}\} \subseteq \mathbb{C}^J \times \mathbb{C}^J$. 我们定义 X_J 上的离散内积和离散范数为

$$(u, v)_J = h^2 \sum_{k=0}^{J-1}\sum_{j=0}^{J-1} u_{jk}\overline{v_{jk}}, \quad \|u\|_J = (u,u)_J^{1/2}, \quad \delta_x u_{jk} = \frac{u_{j+1,k} - u_{jk}}{h},$$

$$\delta_y u_{jk} = \frac{u_{j,k+1} - u_{jk}}{h}, \quad \|\delta_x u\|_J = (\delta_x u, \delta_x u)^{1/2}, \quad \|\delta_y u\|_J = (\delta_y u, \delta_y u)^{1/2},$$

$$\|\nabla_h u\|_J = \left(\|\delta_x u\|_J^2 + \|\delta_y u\|_J^2\right)^{1/2}, \quad \|u\|_{J,4} = \left(h^2 \sum_{k=0}^{J-1}\sum_{j=0}^{J-1} |u_{jk}|^4\right)^{1/4},$$

$$\|u\|_\infty = \max_{0 \leqslant j,k \leqslant J-1} |u_{jk}|, \quad \|\nabla_h u\|_J = (h^2 u_c^{\mathrm{T}}(D \otimes I + I \otimes D)u_c)^{1/2},$$

其中 u_c 是长度为 J^2 的向量, 是将 u 的每列按列排得到的, $\bar{v}$ 表示 v 的共轭, I 是 $J \times J$ 阶单位矩阵, $\otimes$ 为矩阵张量积, 即 $A \otimes B = (Ab_{jk})_{j,k=0}^{J-1}$. 显然, $\|\nabla_h u\|_J = \left(h^2 u_c^{\mathrm{T}}\left(\dfrac{1}{h}B \otimes I + I \otimes \dfrac{1}{h}B\right)u_c\right)^{1/2}$.

我们令 $\hat{P} = (\hat{p}_{jk})_{j,k=0}^{J-1}$, $\hat{Q} = (\hat{q}_{jk})_{j,k=0}^{J-1}$. 事实上, 系统(7.7)~(7.8)等价于下面的形式:

$$A\hat{P}_t A^{\mathrm{T}} = B\hat{Q}A^{\mathrm{T}} + A\hat{Q}B^{\mathrm{T}} - \alpha A((\hat{P}^2 + \hat{Q}^2) \cdot \hat{Q})A^{\mathrm{T}},$$

$$A\hat{Q}_t A^{\mathrm{T}} = -B\hat{P}A^{\mathrm{T}} - A\hat{P}B^{\mathrm{T}} + \alpha A((\hat{P}^2 + \hat{Q}^2) \cdot \hat{P})A^{\mathrm{T}},$$

即

$$\hat{P}_t = D\hat{Q} + \hat{Q}D - \hat{F}, \tag{7.11}$$

$$\hat{Q}_t = -D\hat{P} - \hat{P}D + \hat{G}, \tag{7.12}$$

其中 $\hat{P} = (\hat{p}_{jk}(t_0))_{j,k=0}^{J-1}$，$\hat{Q} = (\hat{q}_{jk}(t_0))_{j,k=0}^{J-1}$，并且 $\hat{F} = \alpha((\hat{P}^2 + \hat{Q}^2) \cdot \hat{Q})$，$\hat{G} = \alpha((\hat{P}^2 + \hat{Q}^2) \cdot \hat{P})$，$\hat{P}^2 = \hat{P} \cdot \hat{P}$. 在本章，"$\cdot$" 指矩阵点乘，即

$$\hat{P} \cdot \hat{Q} = (\hat{p}_{jk}\hat{q}_{jk})_{j,k=0}^{J-1}. \tag{7.13}$$

系统(7.11)~(7.12)是非典则的，我们需要把它改写成典则形式. 我们记 $(\hat{P}; \hat{Q}) = (\hat{P}_c^{\mathrm{T}}, \hat{Q}_c^{\mathrm{T}})^{\mathrm{T}}$. 系统(7.11)~(7.12)可以写成有限维典则哈密尔顿系统

$$\frac{\mathrm{d}\hat{Z}}{\mathrm{d}t} = f(\hat{Z}) = S\nabla H(\hat{Z}), \tag{7.14}$$

其中 $\hat{Z} = (\hat{P}; \hat{Q})$，$\hat{Z}(t_0) = (\hat{P}(t_0); \hat{Q}(t_0))$，

$$S = \begin{pmatrix} 0 & I \otimes I \\ -I \otimes I & 0 \end{pmatrix},$$

且哈密尔顿函数为

$$
\begin{aligned}
H(\hat{Z}) &= \frac{1}{2}\left(\hat{P}_c^{\mathrm{T}}(D \otimes I + I \otimes D)\hat{P}_c + \hat{Q}_c^{\mathrm{T}}(D \otimes I + I \otimes D)\hat{Q}_c - \right. \\
&\quad \left. \frac{\alpha}{2}\sum_{k=0}^{J-1}\sum_{j=0}^{J-1}\left((\hat{p}_{jk})^2 + (\hat{q}_{jk})^2 \right)^2 \right) \\
&= \frac{1}{2h^2}\left(\left\| \nabla_h \hat{P} \right\|_J^2 + \left\| \nabla_h \hat{Q} \right\|_J^2 - \frac{\alpha}{2}\left\| \hat{P} + \hat{Q}i \right\|_{J,4}^4 \right).
\end{aligned}
$$

系统(7.14)满足能量守恒

$$\frac{\mathrm{d}H(\hat{Z}(t))}{\mathrm{d}t} = \nabla H(\hat{Z})^{\mathrm{T}} f(\hat{Z}) = \nabla H(\hat{Z})^{\mathrm{T}} S \nabla H(\hat{Z}) = 0.$$

令质量为 $M(\hat{Z}) = \|\hat{P}\|_J^2 + \|\hat{Q}\|_J^2$，系统 (7.14) 满足质量守恒

$$\frac{\mathrm{d}M(\hat{Z})}{\mathrm{d}t} = 2h^2\left[\hat{P}_c^{\mathrm{T}}(D \otimes I + I \otimes D)\hat{Q}_c - \hat{Q}_c^{\mathrm{T}}(D \otimes I + I \otimes D)\hat{P}_c + \right.$$

$$\alpha \hat{Q}_c^{\mathrm{T}} \left((\hat{P}^2 + \hat{Q}^2) \cdot \hat{P} \right)_c - \alpha \hat{P}_c^{\mathrm{T}} \left((\hat{P}^2 + \hat{Q}^2) \cdot \hat{Q} \right)_c \Big] = 0.$$

因此, 半离散系统(7.14)同时保持系统能量 $H(\hat{Z})$ 和质量 $M(\hat{Z})$. 我们称式(7.14)为二维非线性薛定谔方程的 Galerkin 谱元半离散格式.

7.2.3　有限维哈密尔顿系统的 Crank-Nicolson 格式

我们记 $P^n = \left(P_{jk}^n \right)_{j,k=0}^{J-1}$, $Q^n = \left(Q_{jk}^n \right)_{j,k=0}^{J-1}$, 其中 $P_{jk}^n \approx p(x_j, y_k, t_n)$, $Q_{jk}^n \approx q(x_j, y_k, t_n)$, $j, k = 0, 1, \cdots, J-1$, $n = 0, 1, \cdots, N.$ 令

$$\delta_t P_{jk}^n = \frac{P_{jk}^{n+1} - P_{jk}^n}{\tau}, \quad P_{jk}^{n+\frac{1}{2}} = \frac{P_{jk}^{n+1} + P_{jk}^n}{2},$$

$$\delta_t Q_{jk}^n = \frac{Q_{jk}^{n+1} - Q_{jk}^n}{\tau}, \quad Q_{jk}^{n+\frac{1}{2}} = \frac{Q_{jk}^{n+1} + Q_{jk}^n}{2}.$$

我们用 Crank-Nicolson 方法对系统(7.14)进行求解, 则可以得到

$$\delta_t P_c^n = (D \otimes I + I \otimes D) Q_c^{n+1/2} -$$
$$\frac{\alpha}{2} \left(((P^n)^2 + (Q^n)^2 + (P^{n+1})^2 + (Q^{n+1})^2) \cdot Q^{n+1/2} \right)_c, \tag{7.15}$$

$$\delta_t Q_c^n = -(D \otimes I + I \otimes D) P_c^{n+1/2} +$$
$$\frac{\alpha}{2} \left(((P^n)^2 + (Q^n)^2 + (P^{n+1})^2 + (Q^{n+1})^2) \cdot P^{n+1/2} \right)_c, \tag{7.16}$$

这个格式称为二维非线性薛定谔方程的 Crank-Nicolson Galerkin 谱元 (CNGSE) 格式.

关于格式(7.15)~(7.16)解的守恒律和解的有界性, 我们给出几个引理.

引理 7.2.1　离散内积 $\|\nabla_h \cdot\|_J$ 和 $\|\|\nabla_h \cdot\|\|_J$ 是等价的. 对任意 $u \in X_J$, 我们有

$$\|\nabla_h u\|_J \leqslant \|\|\nabla_h u\|\|_J \leqslant \sqrt{3} \|\nabla_h u\|_J.$$

证明　注意到 $\frac{1}{h} \lambda_{B,j} \leqslant \lambda_{D,j} \leqslant \frac{3}{h} \lambda_{B,j}$, $j = 0, 1, \cdots, J-1$. 我们记 $\boldsymbol{u}_k = (u_{0k}, u_{1k}, \cdots, u_{J-1,k})^{\mathrm{T}}$ 为 u 的第 k 列向量. 对于式(7.9)~ 式(7.10), 我们有

$$\|\nabla_h u\|_J^2 = \|\delta_x u\|_J^2 + \|\delta_y u\|_J^2 = \|\delta_x u\|_J^2 + \|\delta_x u^{\mathrm{T}}\|_J^2$$

$$= h^2 \sum_{k=0}^{J-1} \overline{\boldsymbol{u}}_k^{\mathrm{T}} \left(\frac{1}{h}B\right) \boldsymbol{u}_k + h^2 \sum_{k=0}^{J-1} (\overline{\boldsymbol{u}}^{\mathrm{T}})_k^{\mathrm{T}} \left(\frac{1}{h}B\right) (\boldsymbol{u}^{\mathrm{T}})_k$$

$$= h^2 \sum_{k=0}^{J-1} (\overline{\mathcal{F}\boldsymbol{u}_k})^{\mathrm{T}} \left(\frac{1}{h}\Lambda_B\right) (\mathcal{F}\boldsymbol{u}_k) + h^2 \sum_{k=0}^{J-1} (\overline{\mathcal{F}\boldsymbol{u}_k^{\mathrm{T}}})^{\mathrm{T}} \left(\frac{1}{h}\Lambda_B\right) (\mathcal{F}\boldsymbol{u}_k^{\mathrm{T}})$$

$$\leqslant h^2 \sum_{k=0}^{J-1} (\overline{\mathcal{F}\boldsymbol{u}_k})^{\mathrm{T}} \Lambda_D (\mathcal{F}\boldsymbol{u}_k) + h^2 \sum_{k=0}^{J-1} (\overline{\mathcal{F}\boldsymbol{u}_k^{\mathrm{T}}})^{\mathrm{T}} \Lambda_D (\mathcal{F}\boldsymbol{u}_k^{\mathrm{T}})$$

$$= \|\nabla_h u\|_J^2.$$

同理, 我们有 $\|\nabla_h u\|_J \leqslant \sqrt{3}\|\nabla_h u\|_J$.

$\square$

引理 7.2.2 [6] 对任意 $u \in X_J$, 我们有

$$\|u\|_{J,4}^4 \leqslant \|u\|_J^2 \left(2\|\nabla_h u\|_J + \frac{1}{L}\|u\|_J\right)^2.$$

定理 7.2.1 CNGSE 方法(7.15)~(7.16)同时具有质量守恒和能量守恒特性, 即格式的解满足下面的守恒律:

$$M(P^n; Q^n) \equiv M(P^0; Q^0), \quad H(P^n; Q^n) \equiv H(P^0; Q^0), \quad n = 1, 2, \cdots, N. \quad (7.17)$$

证明 式(7.15)关于 $P_c^{n+1/2}$ 取离散内积, 式(7.16)关于 $Q_c^{n+1/2}$ 取离散内积, 再将所得的两式相加, 我们可得质量守恒律

$$h^2 \left((P_c^{n+1/2})^{\mathrm{T}} \delta_t P_c^n + (Q_c^{n+1/2})^{\mathrm{T}} \delta_t Q_c^n\right) = 0,$$

即

$$\frac{1}{2\tau} \left(\|P^{n+1}\|_J^2 + \|Q^{n+1}\|_J^2 - \|P^n\|_J^2 - \|Q^n\|_J^2\right) = 0. \quad (7.18)$$

式(7.15)关于 $\delta_t Q_c^n$ 取离散内积, 式(7.16)关于 $\delta_t P_c^n$ 取离散内积, 再将所得的两式相减, 我们可得能量守恒律

$$\frac{1}{2\tau} \left(H(P^{n+1}; Q^{n+1}) - H(P^n; Q^n)\right) = 0. \quad (7.19)$$

因此, 由式(7.18)和式(7.19)可以立刻得到式(7.17).

$\square$

定理 7.2.2 [6]　假设系统满足下面两个条件中的一个:

(a) $\|\varphi\|^2 \leqslant \dfrac{2-\tilde{\varepsilon}}{4(1+\varepsilon)\alpha}, \alpha > 0;$

(b) $\alpha < 0,$

其中 ε 和 $\tilde{\varepsilon}$ 为两个足够小的正常数. CNGSE 方法(7.15)~(7.16)的解在离散的 L^2 范数下是有界的, 且满足

$$\|P^n\|_J^2 + \|Q^n\|_J^2 \leqslant C, \quad \|\nabla_h P^n\|_J^2 + \|\nabla_h Q^n\|_J^2 \leqslant C, \quad \|P^n\|_{J,4}^4 + \|Q^n\|_{J,4}^4 \leqslant C.$$

证明　由定理 7.2.1有

$$\|P^n\|_J^2 + \|Q^n\|_J^2 \leqslant C, \quad n = 0,1,\cdots,N.$$

首先, 我们考虑系统满足条件 (a) 的情形. 利用引理 7.2.1和引理 7.2.2, 我们有

$$\|P^n + Q^n i\|_{J,4}^4$$

$$\leqslant \|P^n + Q^n i\|_J^2 \left(2\|\nabla_h(P^n + Q^n i)\|_J + \frac{1}{L}\|P^n + Q^n i\|_J\right)^2$$

$$\leqslant \|P^n + Q^n i\|_J^2 \left(4(1+\varepsilon)\|\nabla_h(P^n + Q^n i)\|_J^2 + \left(1+\frac{1}{\varepsilon}\right)\frac{1}{L^2}\|P^n + Q^n i\|_J^2\right)$$

$$\leqslant 4(1+\varepsilon)\|\varphi\|_J^2\|\nabla_h(P^n + Q^n i)\|_J^2 + \left(1+\frac{1}{\varepsilon}\right)\frac{1}{L^2}\|P^n + Q^n i\|_J^4$$

$$\leqslant \frac{2-\tilde{\varepsilon}}{\alpha}\left(\|\nabla_h P^n\|_J^2 + \|\nabla_h Q^n\|_J^2\right) + \left(1+\frac{1}{\varepsilon}\right)\frac{1}{L^2}\left(\|P^n\|_J^2 + \|Q^n\|_J^2\right)^2.$$

基于定理 7.2.1并考虑 $2h^2 H^0 \leqslant C$, 我们有

$$\|\nabla_h P^n\|_J^2 + \|\nabla_h Q^n\|_J^2$$

$$= \frac{\alpha}{2}\|P^n + Q^n i\|_{J,4}^4 + 2h^2 H^0$$

$$\leqslant \left(1-\frac{\tilde{\varepsilon}}{2}\right)\left(\|\nabla_h P^n\|_J^2 + \|\nabla_h Q^n\|_J^2\right) +$$

$$\left(1+\frac{1}{\varepsilon}\right)\frac{\alpha}{2L^2}\left(\|P^n\|_J^2 + \|Q^n\|_J^2\right)^2 + 2h^2 H^0,$$

即

$$\|\nabla_h P^n\|_J^2 + \|\nabla_h Q^n\|_J^2 \leqslant \left(1+\frac{1}{\varepsilon}\right)\frac{\alpha}{\tilde{\varepsilon}L^2}(\|P^n\|_J^2 + \|Q^n\|_J^2)^2 + \frac{4}{\tilde{\varepsilon}}h^2 H^0 \leqslant C.$$

然后, 我们考虑系统满足条件 (b) 的情形, 我们可以直接得到

$$\||\nabla_h P^n\||_J^2 + \||\nabla_h Q^n\||_J^2 \leqslant h^2 H^0 \leqslant C.$$

因此, 再利用引理 7.2.2, 我们可以得到

$$\|\nabla_h P^n\|_J^2 + \|\nabla_h Q^n\|_J^2 \leqslant \||\nabla_h P^n\||_J^2 + \||\nabla_h Q^n\||_J^2 \leqslant C,$$

$$\|P^n\|_{J,4}^4 + \|Q^n\|_{J,4}^4 \leqslant C.$$

$\square$

7.3   误 差 估 计

下面我们研究数值解的收敛性行为. 令 C 为广义正常数, 它可能在不同的情况下具有不同的值. 后面, 表达式 $A \lesssim B$ 表示存在一个与空间剖分和时间步长都无关的正常数 C 使得 $A \leqslant CB$ 成立. 我们先引入一些概念和基本结论.

我们定义投影算子 $\Pi_J : H^1(\Omega) \longrightarrow S^h$ 为: 对任意 $u \in H^1(\Omega)$, 有

$$(\nabla(u - \Pi_J u), \nabla v) = 0, \quad \forall v \in H^1(\Omega).$$

根据经典的投影理论 [48-49], 我们有

$$\|u - \Pi_J u\| \leqslant Ch^2 |u|_2, \quad \|u - I_J u\| \leqslant Ch^2 |u|_2.$$

引理 7.3.1   对任意函数 $u, v \in H_*^1(\Omega)$, 我们记

$$< u, v >_J = \sum_{k=0}^{J-1} \sum_{j=0}^{J-1} \frac{h^2}{4} \sum_{m=0}^{1} \sum_{l=0}^{1} u(x_{j+l}, y_{k+m}) v(x_{j+l}, y_{k+m})$$

$$= h^2 \sum_{k=0}^{J-1} \sum_{j=0}^{J-1} u(x_j, y_k) v(x_j, y_k),$$

$$\|u\|_J = < u, u >_J^{1/2}.$$

我们有 [86]

$$\|u\| \leqslant \|u\|_J \leqslant 3\|u\|, \quad \forall u \in S^h.$$

令 $p^n = p(t_n), q^n = q(t_n) \in H^1_*(\Omega)$ 和 P^n, Q^n 分别为式(7.2)~ 式(7.3)和式(7.15)~ 式(7.16)在 $t = t_n$, $n = 0, 1, \cdots, N$ 处的解. 令数值解为

$$P^n_J = \sum_{k=0}^{J-1}\sum_{j=0}^{J-1} P^n_{jk} F_j(x) F_k(y), \quad Q^n_J = \sum_{k=0}^{J-1}\sum_{j=0}^{J-1} Q^n_{jk} F_j(x) F_k(y).$$

定理 7.3.1　假设精确解满足 $p(x, y, t), q(x, y, t) \in C^{2,2,3}(\Omega \times [t_0, t_N])$. 我们可以得到下面的 L^2 误差估计:

$$\|p^N - P^N_J\| + \|q^N - Q^N_J\| \lesssim \tau^2 + h^2,$$

$$\|p^N - P^N_J\|_J + \|q^N - Q^N_J\|_J \lesssim \tau^2 + h^2.$$

证明　我们注意到求解式 (7.15)~ 式(7.16)等价于: 求 $P^n_J, Q^n_J \in S^h$ 使得, 对任意 $v, w \in S^h$, 有

$$(\delta_t P^n_J, v) - (\nabla(Q^{n+1/2}_J), \nabla v) + \frac{\alpha}{2}(I_J(((P^n_J)^2 + (Q^n_J)^2 +$$

$$(P^{n+1}_J)^2 + (Q^{n+1}_J)^2)Q^{n+1/2}_J), v) = 0, \tag{7.20}$$

$$(\delta_t Q^n_J, w) + (\nabla(P^{n+1/2}_J), \nabla w) - \frac{\alpha}{2}(I_J(((P^n_J)^2 + (Q^n_J)^2 +$$

$$(P^{n+1}_J)^2 + (Q^{n+1}_J)^2)P^{n+1/2}_J), w) = 0. \tag{7.21}$$

令 $E^n_1, E^n_2, n = 0, 1, 2, \cdots, N$ 为截断误差, 定义为

$$\delta_t p^n + \Delta q^{n+1/2} + \frac{\alpha}{2}\left((p^n)^2 + (q^n)^2 + (p^{n+1})^2 + (q^{n+1})^2\right)q^{n+1/2} = E^n_1,$$

$$\delta_t q^n - \Delta p^{n+1/2} - \frac{\alpha}{2}\left((p^n)^2 + (q^n)^2 + (p^{n+1})^2 + (q^{n+1})^2\right)p^{n+1/2} = E^n_2.$$

我们有

$$(\delta_t p^n, v) - (\nabla(\Pi_J q)^{n+1/2}, \nabla v) +$$

$$\frac{\alpha}{2}(((p^n)^2 + (q^n)^2 + (p^{n+1})^2 + (q^{n+1})^2)q^{n+1/2}, v) = (E^n_1, v), \tag{7.22}$$

$$(\delta_t q^n, w) + (\nabla(\Pi_J p)^{n+1/2}, \nabla w) -$$

$$\frac{\alpha}{2}(((p^n)^2+(q^n)^2+(p^{n+1})^2+(q^{n+1})^2)p^{n+1/2},w)=(E_2^n,w). \tag{7.23}$$

我们记 $e_p^n=\Pi_J p^n-P_J^n$, $e_q^n=\Pi_J q^n-Q_J^n$, $e^n=\|e_p^n\|^2+\|e_q^n\|^2$,

$$\phi_1^n=((p^n)^2+(q^n)^2+(p^{n+1})^2+(q^{n+1})^2)q^{n+1/2},$$

$$\Phi_1^n=((P_J^n)^2+(Q_J^n)^2+(P_J^{n+1})^2+(Q_J^{n+1})^2)Q_J^{n+1/2},$$

$$\phi_2^n=((p^n)^2+(q^n)^2+(p^{n+1})^2+(q^{n+1})^2)p^{n+1/2},$$

$$\Phi_2^n=((P_J^n)^2+(Q_J^n)^2+(P_J^{n+1})^2+(Q_J^{n+1})^2)P_J^{n+1/2},$$

$$\Psi^n=(P_J^n)^2+(Q_J^n)^2+(P_J^{n+1})^2+(Q_J^{n+1})^2.$$

考虑到 $\|p^n\|_\infty,\|q^n\|_\infty,\|P^n\|_{J,4},\|Q^n\|_{J,4}\leqslant C$, 我们有

$$(\phi_1^n-I_J\Phi_1^n,e_p^{n+1/2})$$

$$=(\phi_1^n-I_J(\Psi^n\Pi_J q^{n+1/2})+I_J(\Psi^n e_q^{n+1/2}),e_p^{n+1/2})$$

$$\leqslant(\|\phi_1^n\|+\|I_J(\Psi^n\Pi_J q^{n+1/2})\|+\|I_J(\Psi^n e_q^{n+1/2})\|)\|e_p^{n+1/2}\|$$

$$\leqslant(\|\phi_1^n\|+\|I_J(\Psi^n\Pi_J q^{n+1/2})\|_J+\|I_J(\Psi^n e_q^{n+1/2})\|_J)\|e_p^{n+1/2}\|$$

$$\leqslant(\|\phi_1^n\|+\|\Psi^n\|_J\|\Pi_J q^{n+1/2}\|_J+\|\Psi^n\|_J\|e_q^{n+1/2}\|_J)\|e_p^{n+1/2}\|$$

$$\lesssim(\|P^n\|_{J,4}^2+\|Q^n\|_{J,4}^2+\|P^{n+1}\|_{J,4}^2+\|Q^{n+1}\|_{J,4}^2)\|e_q^{n+1/2}\|\|e_p^{n+1/2}\|$$

$$\lesssim e^n+e^{n+1},$$

$$(\phi_2^n-I_J\Phi_2^n,e_q^{n+1/2})\lesssim e^n+e^{n+1}.$$

式(7.22)和式(7.23)分别减式(7.20)和式(7.21), 我们可得

$$(\delta_t(p^n-\Pi_J p^n),v)+(\delta_t e_p^n,v)-(\nabla(e_q)^{n+1/2},\nabla v)+\frac{\alpha}{2}(\phi_1^n-I_J\Phi_1^n,v)=(E_1^n,v), \tag{7.24}$$

$$(\delta_t(q^n-\Pi_J q^n),w)+(\delta_t e_q^n,w)+(\nabla(e_p)^{n+1/2},\nabla w)-\frac{\alpha}{2}(\phi_2^n-I_J\Phi_2^n,w)=(E_2^n,w). \tag{7.25}$$

令 $v=e_p^{n+1/2}$, $w=e_q^{n+1/2}$, 并考虑式(7.24)和式(7.25), 我们可得

$$\frac{1}{2}\delta_t(\|e_p^n\|^2+\|e_q^n\|^2)+(\delta_t(p^n-\Pi_J p^n),e_p^{n+1/2})+(\delta_t(q^n-\Pi_J q^n),e_q^{n+1/2})+$$

$$\frac{\alpha}{2}(\phi_1^n - I_J\Phi_1^n, e_p^{n+1/2}) - \frac{\alpha}{2}(\phi_2^n - I_J\Phi_2^n, e_q^{n+1/2}) = (E_1^n, e_p^{n+1/2}) + (E_2^n, e_q^{n+1/2}).$$

取 $n = 0, 1, \cdots, N-1$, 我们有

$$\frac{1}{\tau}(e^{n+1} - e^n) \lesssim e^n + e^{n+1} + \|\delta_t(p^n - \Pi_Jp^n)\|^2 + \|\delta_t(p^n - \Pi_Jp^n)\|^2 +$$

$$\|e_p^{n+1/2}\|^2 + \|e_q^{n+1/2}\|^2 + \|E_1^n\|^2 + \|E_2^n\|^2$$

$$\lesssim e^n + e^{n+1} + \tau^4 + h^4.$$

由 Gronwall 不等式, 对 $\tau \leqslant \frac{1}{4C}\frac{N-1}{N}$, 有

$$e^N \lesssim \tau \sum_{n=1}^N (\tau^4 + h^4) \lesssim \tau^4 + h^4,$$

即

$$\|\Pi_Jp^N - P_J^N\| + \|\Pi_Jq^N - Q_J^N\| \lesssim \tau^2 + h^2. \tag{7.26}$$

再由三角不等式、插值和投影理论及式(7.26), 我们可以得到 L^2 误差估计

$$\|p^N - P_J^N\| + \|q^N - Q_J^N\|$$

$$\leqslant \|p^N - \Pi_Jp^N\| + \|q^N - \Pi_Jq^N\| + \|\Pi_Jp^N - P_J^N\| + \|\Pi_Jq^N - Q_J^N\|$$

$$\lesssim \tau^2 + h^2,$$

$$\|p^N - P_J^N\|_J + \|q^N - Q_J^N\|_J$$

$$= \|I_Jp^N - P_J^N\|_J + \|I_Jq^N - Q_J^N\|_J$$

$$\leqslant 3\left(\|I_Jp^N - P_J^N\| + \|I_Jq^N - Q_J^N\|\right)$$

$$\lesssim \tau^2 + h^2.$$

$\square$

7.4　数　值　实　验

在本节, 我们考虑二维非线性薛定谔方程(7.2)~(7.3), 用 CNGSE 方法(7.15)~(7.16)进行数值求解, 并通过数值实验验证解的保能量守恒特性、保质量守恒特性和误差估计.

我们定义在 $t = t_n$ 处的相对能量误差和相对质量误差分别为

$$RH_n = \frac{|H^n - H^0|}{|H^0|}, \quad RM_n = \frac{|M^n - M^0|}{|M^0|}, \quad n = 0, 1, \cdots, N,$$

其中 $H^n = H(P^n; Q^n)$ 和 $M^n = M(P^n; Q^n)$ 分别为能量和质量.

在 $t = t_n$ 处离散的 L^2 误差和离散的 L^∞ 误差的定义为

$$L^2\text{-error}_n(h, \tau) = \|p^n - P^n\|_J + \|q^n - Q^n\|_J,$$

$$L^\infty\text{-error}_n(h, \tau) = \|p^n - P^n\|_\infty + \|q^n - Q^n\|_\infty.$$

我们定义误差阶为

$$\text{Order}_h = \frac{\log_2 \frac{\text{error}_n(h_1)}{\text{error}_n(h_2)}}{\log_2 \frac{h_1}{h_2}}, \quad \text{Order}_\tau = \frac{\log_2 \frac{\text{error}_n(\tau_1)}{\text{error}_n(\tau_2)}}{\log_2 \frac{\tau_1}{\tau_2}}.$$

7.4.1 FFT 算法对 CNGSE 方法的应用

我们知道, 格式(7.15)~(7.16)并不适合直接用来求解二维薛定谔方程, 因为直接计算的话, 计算量就太大了. 为了提高计算效率, 我们利用矩阵对角化方法[86] 结合快速 Fourier 变换 (FFT) 对 CNGSE 方法进行处理. 考虑式(7.15)~式(7.16)或式(7.20)~ 式(7.21), CNGSE 方法可以改写为

$$i\delta_t U^n = DU^{n+1/2} + U^{n+1/2} D^T - F^n, \tag{7.27}$$

其中 $D = \mathcal{F}^H \Lambda_D \mathcal{F} = \mathcal{F}^{-1} \Lambda_D \mathcal{F}$, $U^n = P^n + Q^n i$, $F^n = \frac{\alpha}{2}(|U^n|^2 + |U^{n+1}|^2) \cdot U^{n+1/2}$. 式(7.27)左边乘以 $\mathcal{F}$ 并且右边乘以 $\mathcal{F}^T$, 我们发现

$$i\delta_t(\mathcal{F}U^n\mathcal{F}^T) = \Lambda_D(\mathcal{F}U^{n+1/2}\mathcal{F}^T) + (\mathcal{F}U^{n+1/2}\mathcal{F}^T)\Lambda_D^T - \mathcal{F}F^n\mathcal{F}^T. \tag{7.28}$$

令 $\tilde{U}^n = \mathcal{F}U^n\mathcal{F}^T$ 和 $\tilde{F}^n = \mathcal{F}F^n\mathcal{F}^T$, 则式(7.28)可写为

$$i\delta_t\tilde{U}^n = \Lambda_D\tilde{U}^{n+1/2} + \tilde{U}^{n+1/2}\Lambda_D^T - \tilde{F}^n,$$

我们可得

$$i\delta_t\tilde{U}_{jk}^n = \Lambda_{D,j}\tilde{U}_{jk}^{n+1/2} + \tilde{U}_{jk}^{n+1/2}\Lambda_{D,k} - \tilde{F}_{jk}^n, \quad j, k = 0, \cdots, J-1.$$

我们利用不动点迭代方法求解上式, 可以得到矩阵 $\tilde{U}^{n+1}$, 再利用 $U^{n+1} = \mathcal{F}^{-1}\tilde{U}^{n+1}(\mathcal{F}^{-1})^{\mathrm{T}}$, 就可以得到解矩阵 U^{n+1}. 在上述过程中, 我们注意到 $\mathcal{F}U^n$ 和 $\mathcal{F}^{-1}U^n$ 可以分别利用 FFT 和 IFFT 算法进行计算.

7.4.2　数值实验 1: 精度测试

首先, 我们考虑二维薛定谔方程(7.1)具有平波解

$$u(x, y, t) = A\exp(i(k_1 x + k_2 y - \omega t)),$$

其中 $\omega = k_1^2 + k_2^2 - \alpha|A|^2$. 取区间 $[0, 2\pi] \times [0, 2\pi]$, 并取参数 $A = 1$, $k_1 = k_2 = 1$, $\alpha = -2$, 我们用 CNGSESE 方法进行计算. 初值取 $t = 0$ 处的精确解, 并考虑 $(2\pi, 2\pi)$ 周期边界条件.

根据定理 7.3.1, 我们分别在时间方向和空间方向上测试格式收敛阶. 我们计算 $t = 1$ 处的离散 L^2 误差和离散 L^∞ 误差. 首先, 我们给定空间步长 $h = \pi/128$, 从而忽略空间方向误差. 表 7.1表示 CNGSE 方法从 $t = 0$ 计算到 $t = 1$ 的数值解, 取不同的时间步长得到的时间精度. 显然, 我们可以看出时间方向的收敛阶为 2, 这一点符合定理 7.3.1. 其次, 我们给定时间步长 $\tau = 0.001$, 忽略时间方向误差. 表 7.2表示 CNGSE 方法取不同的空间步长从 $t = 0$ 计算到 $t = 1$ 得到的数值解. 我们可以看出空间方向的收敛阶也为 2. 最后, 我们在时间方向和空间方向上取不同的时间步长和空间步长来测试收敛阶. 从表 7.3我们可以看出收敛阶也是 2. 综上可知, 数值实验结果是非常符合误差估计的.

接下来, 我们通过长时间计算来测试数值解演化行为. 我们取步长为 $h = \pi/16$, 从 $\tau = 0.01$ 计算到 $t = 1\,000$. 图 7.1表示 CNGSE 方法从 $t = 0$ 计算到 $t = 1\,000$ 的数值解. 从图 7.1中我们可以看出, 数值解波形保持不变. 这意味着 CNGSE 方法在长时间计算中的数值行为表现良好. 图 7.2表示从 $t = 0$ 计算到 $t = 1\,000$ 的数值解的相对能量误差和相对质量误差. 我们可以看到, 数值解保持系统能量守恒和质量守恒达到舍入误差, 这一点符合定理 7.2.1. 有一点要说明的是, 误差图看起来呈现缓慢线性增长的趋势, 并且后面的数值试验中也出现了类似的情况, 这是因为在求解离散格式的时候, 每一步都会引入迭代误差.

表 7.1 CNGSE 方法从 $t=0$ 计算到 $t=1$ 的数值解, 取空间步长 $h=\pi/128$ 和不同时间步长得到的时间精度

$t_N=1$	L^∞-error$_N(\tau)$	L^∞-Order$_\tau$	L^2-error$_N(\tau)$	L^2-Order$_\tau$
$\tau_1=0.2$	$1.945\ 4\times10^{-1}$	—	$1.222\ 3$	—
$\tau_2=0.1$	$5.198\ 6\times10^{-2}$	$1.934\ 5$	$3.266\ 4\times10^{-1}$	$1.934\ 5$
$\tau_3=0.05$	$1.315\ 4\times10^{-2}$	$1.988\ 0$	$8.264\ 2\times10^{-2}$	$1.988\ 0$
$\tau_4=0.025$	$3.228\ 2\times10^{-3}$	$2.018\ 6$	$2.028\ 3\times10^{-2}$	$2.018\ 6$

表 7.2 用 CNGSE 方法从 $t=0$ 计算到 $t=1$ 的数值解, 取时间步长 $\tau=0.001$ 和不同空间步长得到的时间精度

$t_N=1$	L^∞-error$_N(h)$	L^∞-Order$_h$	L^2-error$_N(h)$	L^2-Order$_h$
$h_1=\pi/2$	$4.283\ 6\times10^{-1}$	—	$2.691\ 4$	—
$h_2=\pi/4$	$1.047\ 2\times10^{-1}$	$2.022\ 5$	$6.579\ 8\times10^{-1}$	$2.022\ 5$
$h_3=\pi/8$	$2.582\ 6\times10^{-2}$	$2.013\ 7$	$1.622\ 7\times10^{-1}$	$2.013\ 7$
$h_4=\pi/16$	$6.428\ 4\times10^{-3}$	$2.004\ 4$	$4.039\ 1\times10^{-2}$	$2.004\ 4$
$h_5=\pi/32$	$1.601\ 6\times10^{-3}$	$2.003\ 5$	$1.006\ 3\times10^{-2}$	$2.003\ 6$
$h_6=\pi/64$	$3.962\ 9\times10^{-4}$	$2.010\ 3$	$2.490\ 0\times10^{-3}$	$2.010\ 3$

表 7.3 取不同的空间步长和时间步长, 用 CNGSE 方法从 $t=0$ 计算到 $t=1$ 的解误差

$t_N=1$	L^∞-error$_N$	L^∞-Order	L^2-error$_N$	L^2-Order
$h_1=\pi/2,\tau_1=0.2$	$1.713\ 9\times10^{-1}$	—	$1.076\ 9$	—
$h_2=\pi/4,\tau_2=0.1$	$4.854\ 8\times10^{-2}$	$1.878\ 9$	$3.050\ 4\times10^{-1}$	$1.878\ 9$
$h_3=\pi/8,\tau_3=0.05$	$1.232\ 1\times10^{-2}$	$1.985\ 0$	$7.741\ 3\times10^{-2}$	$1.985\ 0$
$h_4=\pi/16,\tau_4=0.025$	$3.089\ 3\times10^{-3}$	$1.997\ 0$	$1.941\ 1\times10^{-2}$	$1.997\ 0$
$h_5=\pi/32,\tau_5=0.012\ 5$	$7.728\ 7\times10^{-4}$	$1.999\ 3$	$4.856\ 1\times10^{-3}$	$1.999\ 3$
$h_6=\pi/64,\tau_6=0.006\ 25$	$1.932\ 5\times10^{-4}$	$1.999\ 8$	$1.214\ 2\times10^{-3}$	$1.999\ 8$

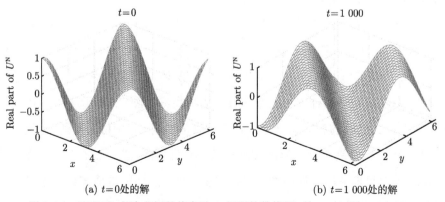

(a) $t=0$处的解 (b) $t=1\ 000$处的解

图 7.1 CNGSE 方法求解数值实验 1 得到的数值解, 从 $t=0$ 到 $t=1\ 000$

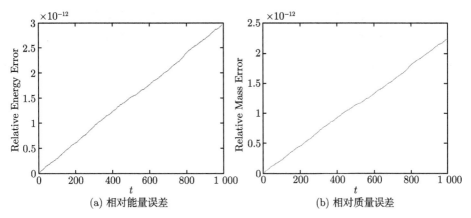

(a) 相对能量误差　　　　　　　(b) 相对质量误差

图 7.2　CNGSE 方法求解数值实验 1 从 $t=0$ 计算到 $t=1\,000$ 的数值解的相对能量误差和
相对质量误差

7.4.3　数值实验 2: 奇异解

其次, 我们考虑带奇异解的 (取 $\alpha=1$) 的二维薛定谔方程. 取初值为

$$u(x,y,0)=(1+\sin x)(2+\sin y),$$

并考虑 $[0,2\pi)\times[0,2\pi)$ 上的 $(2\pi,2\pi)$ 周期边界条件.

我们取步长为 $h=\pi/32$, $\tau=0.01$, 从 $t=0$ 计算到 $t=0.108$. 图 7.3 表示
CNGSE 方法从 $t=0$ 计算到 $t=0.108$ 的数值解. 我们看到, 在 $t=0.108$ 处得到

$t=0.108$

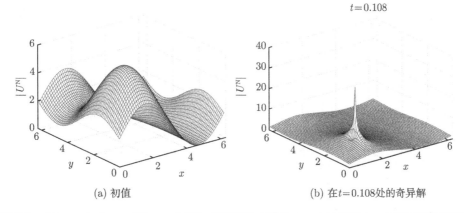

(a) 初值　　　　　　　　(b) 在 $t=0.108$ 处的奇异解

图 7.3　取 $\alpha=1$, $h=\pi/32$, $\tau=0.001$, CNGSE 方法从 $t=0$ 计算到 $t=0.108$ 的数值解

奇异解, 这一点和文献 [93] 中的结论一致. 图 7.4表示 CNGSE 方法从 $t = 0$ 计算到 $t = 0.108$ 的数值解的相对能量误差和相对质量误差. 我们可以看到, 数值解保持系统能量和质量守恒达到舍入误差.

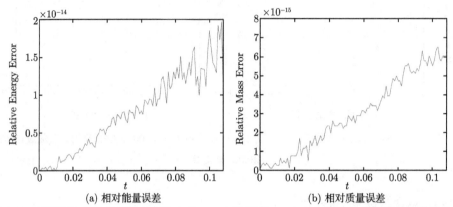

(a) 相对能量误差   (b) 相对质量误差

图 7.4   CNGSE 方法求解数值实验 2 从 $t = 0$ 计算到 $t = 0.108$ 的数值解的相对能量误差和相对质量误差

7.4.4 数值实验 3: 波的演化

最后, 我们考虑二维薛定谔方程(7.1)中取 $\alpha = -1$ 的情形. 我们取初值为

$$u(x, y, 0) = (1 + \sin x)(2 + \sin y),$$

并考虑空间 $[0, 2\pi] \times [0, 2\pi]$ 上的 $(2\pi, 2\pi)$ 周期边界条件.

我们取步长为 $h = \pi/40$, $\tau = 0.01$, 用 CNGSE 方法从 $t = 0$ 计算到 $t = 20$. 图 7.5表示从 $t = 0$ 计算到 $t = 20$ 的数值解. 从图 7.5中我们可以看出, 数值解波

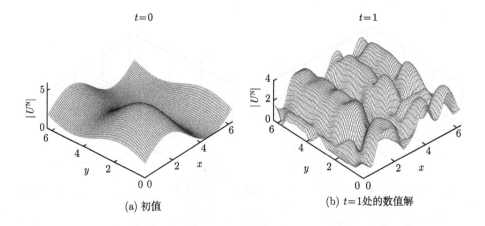

(a) 初值   (b) $t=1$处的数值解

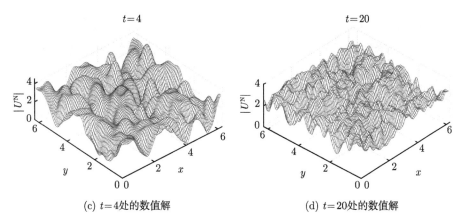

(c) $t=4$处的数值解　　　　　　　(d) $t=20$处的数值解

图 7.5　取步长 $h = \pi/40$, $\tau = 0.01$, CNGSE 方法从 $t = 0$ 计算到 $t = 20$ 的数值解

的数量随着时间越来越多, 这一点符合文献 [6] 中的结果. 图 7.6表示从 $t = 0$ 计算到 $t = 20$ 的数值解的相对能量误差和相对质量误差. 我们可以看到, 数值解保持系统能量和质量守恒达到舍入误差.

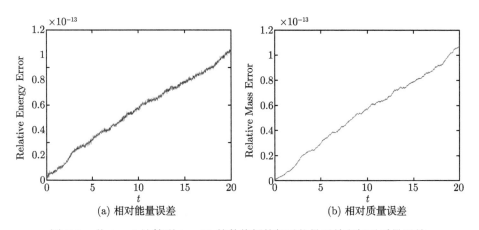

(a) 相对能量误差　　　　　　　(b) 相对质量误差

图 7.6　从 $t = 0$ 计算到 $t = 20$ 的数值解的相对能量误差和相对质量误差

7.5　结　　论

我们提出了二维非线性薛定谔方程的一个新的 Crank-Nicolson Galerkin 谱元方法. 我们首先用 Galerkin 谱元法进行空间半离散, 然后再用 Crank-Nicolson 方法进行时间离散. 我们发现, 用 Galerkin 谱元法对二维薛定谔方程进行空间离

散后, 得到的半离散方程组是一个有限维典则常微分哈密尔顿系统. 也就是说, 对于二维偏微分哈密尔顿系统, 用合适的基于系统弱形式的数值方法进行空间半离散, 是可以保持其哈密尔顿结构的, 并且, 我们在二维薛定谔方程上找到了实际应用的例子. 对于二维薛定谔方程半离散哈密尔顿系统, 我们很自然地采用了保结构方法, 即 Crank-Nicolson 方法进行离散, 从而得到了一个同时保能量和质量的全离散格式. 为了提高计算效率, 我们采用矩阵对角化方法, 并结合 FFT 对该格式进行了变形和优化. 另外, 我们还对新格式进行了收敛性分析, 在没有网格比限制的条件下, 证明了该格式是收敛的, 且收敛阶在离散的 L^2 范数下为 $\mathcal{O}(h^2+\tau^2)$. 上述结论均在数值实验中得到了验证.

第 8 章 全 书 总 结

本书分别针对常微分哈密尔顿系统和偏微分哈密尔顿系统研究保能量算法. 对于常微分哈密尔顿系统, 我们基于平均向量场 AVF 方法研究了不同精度的数值算法. 对于偏微分哈密尔顿系统, 我们既可以基于强形式也可以基于弱形式构造保能量线方法进行求解. 这样, 对于常微分哈密尔顿系统和偏微分哈密尔顿系统, 我们就都可以依照上述方式构造保能量数值格式. 本书所做的工作及其意义如下.

(1) 我们首先把洛伦兹力系统写为一个非典则的哈密尔顿系统, 其次利用 Boole 离散线积分方法进行求解, 最后得到洛伦兹力系统的一个新的格式. 该方法可以保持系统哈密尔顿能量达到机器精度. 由于格式的推导和相应的能量守恒的证明都是在一般的非典则哈密尔顿系统上进行的, 因此, 对于其他非典则哈密尔顿系统, 我们也可以类似地利用离散线积分方法对其进行求解.

(2) 我们首先利用二、三和四阶 AVF 方法求解哈密尔顿偏微分方程, 构造不同精度的保能量格式, 然后以 NLS 方程为例, 在空间方向上用 Fourier 拟谱方法进行半离散, 在时间方向上用三个 AVF 方法对这个系统进行求解. 这样, 就得到了 NLS 方程的三个不同精度的保能量格式. 这个做法也可以类似地应用在其他哈密尔顿偏微分方程中.

(3) 基于根树和 B-级数理论, 我们给出了五阶树的代入规则的具体公式. 利用新得到的代入规则及 B 级数理论, 我们把二阶 AVF 方法提高到了六阶精度. 这种把一个低阶 B 级数积分子提高到高阶的方法, 同样可以很容易地应用到其他 B 级数方法中, 比如中点格式. 我们证明了新方法具有六阶精度, 并且依然可以保持哈密尔顿系统能量.

(4) 我们首次研究了基于哈密尔顿偏微分方程弱形式的保能量线方法. 首先, 在空间方向上用有限元方法或谱元法对偏微分方程进行半离散, 把得到的常微分方程组写成一个哈密尔顿系统, 然后, 我们就可以用一个保能量方法对这个常微分哈密尔顿系统进行求解. 这样, 就可以得到一个全离散保能量格式. 由于空间方向的离散是基于系统弱形式的, 所以这种方法对系统解的光滑性的要求比差分和谱配置方法要低. 这样一来, 我们在利用线方法对哈密尔顿偏微分方程进行求解时, 无论是采用基于系统强形式的方法还是基于空间弱形式的方法进行空间半离散, 都可以得到保持系统哈密尔顿结构的常微分方程组. 哈密尔顿偏微分方程中的保能量方法的体系得到了完善, 这是非常有意义的.

(5) 以非线性薛定谔 (NLS) 方程为例, 我们利用上述方法对其进行求解. 基于系统弱形式, 对于空间半离散, 我们采用谱元法或有限元方法. 而对于半离散后得到的常微分哈密尔顿系统, 我们既可以将其视为一般的哈密尔顿系统, 从而采用通用的保能量方法离散, 如不同精度的 AVF 方法, 又可以针对 NLS 方程本身的特性, 采用 Crank-Nicolson 格式离散, 从而构造同时保持系统能量和质量的数值格式. 我们对一维 NLS 方程进行求解, 在空间方向上用 Legendre 谱元法, 在时间方向上用 AVF 方法, 得到一个新的保能量方法. 同样, 对于一维 NLS 方程, 我们在空间方向上用 Galerkin 有限元方法, 在时间方向上用 Crank-Nicolson 格式离散, 则可以得到一个同时保能量和质量的格式. 对于二维 NLS 方程, 在空间方向上用 Galerkin 谱元法, 在时间方向上用 Crank-Nicolson 格式离散, 可以得到二维 NLS 方程保能量和质量的格式. 另外, 我们还分别对这三个格式进行了误差估计, 并且通过数值实验进行了验证.

参 考 文 献

[1] Feng K. On difference schemes and symplectic geometry[C]. In Proceedings of the 1984 Beijing Symposium on Differential Geometry and Differential Equations, Beijing Science Press, 42-58, 1984.

[2] Feng K. Collected Works of Feng Kang II[M]. Beijing:National Defence Industry Press, 1994.

[3] Feng K, Qin M Z. Symplectic Geometric Algorithms for Hamiltonian Systems[M]. Berlin/Hangzhou:Springer/Zhejiang Science and Technology Publishing House, 2010.

[4] Hairer E, Lubich C, Wanner G. Geometric Numerical Integration: Structure Preserving Algorithms for Ordinary Differential Equations[M]. Berlin:Springer, 2002.

[5] Hairer E, Norsett S P, Wanner G. Solving Ordinary Differential Equations I: Nonstiff Problems [M]. 2nd ed. Berlin:Springer, 1993.

[6] Wang T, Guo B, Xu Q. Fourth-order compact and energy conservative difference schemes for the nonlinear Schröinger equation in two dimensions[J]. Journal Of Computational Physics, 2013, 243:382-399.

[7] Feng K. Difference schemes for Hamiltonian formalism and symplectic geometry[J]. Journal Of Computational Mathematics, 1986, 4:279-289.

[8] Bridges T J, Reich S. Multi-symplectic spectral discretizations for the Zakharov-Kuznetsov and shallow water equations[J]. Physica D: Nonlinear Phenomena, 2001, 152:491-504.

[9] Chen J B, Qin M Z. Multi-symplectic Fourier pseudospectral method for the nonlinear Schrödinger equation[J]. Electronic Transactions On Numerical Analysis, 2001, 12:193-204.

[10] Gong Y Z, Cai J X, Wang Y S. Some new structure-preserving algorithms for general multi-symplectic formulations of Hamiltonian PDEs[J]. Journal Of Computational Physics, 2014, 279:80-102.

[11] Hong J, Jiang S, Li C. Explicit multi-symplectic methods for Klein-Gordon-Schrödinger equations equations[J]. Journal Of Computational Physics, 2009, 228:3517-3532.

[12] Kong L, Zhang J, Cao Y, et al. Semi-explicit symplectic partitioned Runge-Kutta Fourier pseudo-spectral scheme for Klein-Gordon-Schrödinger equations[J]. Computer Physics Communications, 2010, 181:1369-1377.

[13] Li C W, Qin M Z. A symplectic difference scheme for infinite dimensional Hamiltonian systems[J]. Journal Of Computational Mathematics, 1988, 6:164-174.

[14] Marsden J E, Patrick G W, Shkoller S. Multisymplectic geometry, variational integrators, and nonlinear PDEs[J]. Communications In Mathematical Physics, 1998, 199:351-395.

[15] McLachlan R. Symplectic integration of Hamiltonian wave equations[J]. Numerische Mathematik, 1993, 66:465-492.

[16] Sun J Q, Qin M Z. Multi-symplectic methods for the coupled 1D nonlinear Schrödinger system[J]. Computer Physics Communications, 2003, 155:221-235.

[17] Xu Q, Song S H, Chen Y M. A semi-explicit multi-symplectic splitting scheme for a 3-coupled nonlinear Schrödinger equation[J]. Computer Physics Communications, 2014, 185:1255-1264.

[18] Zhu H J, Tang L Y, Song S H, et al. Symplectic wavelet collocation method for Hamiltonian wave equations[J]. Journal Of Computational Physics, 2010, 229:2550-2572.

[19] Ge Z, Marsden J E. Lie-poisson Hamilton-Jacobi theory and Lie-Poisson integrators[J]. Physics Letters A, 1988, 133:134-139.

[20] Celledoni E, Grimm V, McLachlan R I, et al. Preserving energy resp. dissipation in numerical PDEs using the "Average Vector Field" method[J]. Journal Of Computational Physics, 2012, 231:6770-6789.

[21] Celledoni E, McLachlan R I, Owren B, et al. Energy-preserving Runge-Kutta methods[J]. ESAIM Mathematical Modelling and Numerical Analysis, 2009, 43:645-649.

[22] Chartier P, Faou E, Murua A. An algebraic approach to invariant preserving integators: the case of quadratic and Hamiltonian invariants[J]. Numerische Mathematik, 2006, 103:575-590.

[23] Chen Y, Sun Y J, Tang Y F. Energy-preserving numerical methods for Landau-Lifshitz equation[J]. Journal Of Physics A-mathematical And Theoretical, 2011, 44:295207.

[24] Hairer E. Energy-preserving variant of collocation methods[J]. J. Numer. Anal. Ind. Appl. Math., 2010, 5:73-84.

[25] Gonzalez O. Time integration and discrete Hamiltonian systems[J]. Journal Of Nonlinear Science, 1996, 6:449-467.

[26] Matsuo T. High-order schemes for conservative or dissipative systems[J]. Journal Of Computational And Applied Mathematics, 2003, 152:305-317.

[27] Brugnano L, Iavernaro F, Trigiante D. Hamiltonian boundary value methods (Energy preserving discrete line integral methods)[J]. J. Numer. Anal. Ind. Appl. Math., 2010, 5:17-37.

[28] Iavernaro F, Trigiante D. High-order symmetric schemes for the energy conservation of polynomial Hamiltonian problems[J]. J. Numer. Anal. Ind. Appl. Math., 2009, 4:87-101.

[29] Faou E, Hairer E, Pham T L. Energy conservation with non-symplectic methods: examples and counter-examples[J]. BIT, 2004, 44:699-709.

[30] McLachlan R I, Quispel G R W, Robidoux N. Geometric integration using discrete gradients[J]. Phil. Trans. R. Soc. A, 1999, 357:1021-1045.

[31] Quispel G R W, McLaren D I. A new class of energy-preserving numerical integration methods[J]. Journal Of Physics A-mathematical And Theoretical, 2008, 41: 045206.

[32] Iavernaro F, Pace B. S-Stage trapezoidal methods for the conservation of Hamiltonian Functions of Polynomial Type[J]. AIP Conference Proceedings, 2007, 936:603-606.

[33] Brugnano L, Iavernaro F. Line integral methods and their application to the numerical solution of conservative problems[J]. (2013), DOI:10.48550/arXiv.1301.2367.

[34] Bellan P M. Fundamentals of Plasma Physics [M]. 1st ed. Cambridge: Cambridge University Press, 2008.

[35] Littlejohn R G. Hamiltonian formulation of guiding center motion[J]. Physics Of Fluids, 1981, 24:1730-1749.

[36] Morrison P J, Greene J M. Noncanonical Hamiltonian density formulation of hydrodynamics and ideal magnetohydrodynamics[J]. Physical Review Letters, 1980, 45:790-794.

[37] He Y, Sun Y J, Liu J, et al. Volume-preserving algorithms for charged particle dynamics[J]. Journal Of Computational Physics, 2015, 281:135-147.

[38] Zhang R L, Liu J, Qin H, et al. Volume-preserving algorithm for secular relativistic dynamics of charged particles[J]. Physics of Plasmas, 2015, 22:044501.

[39] Boris J. Relativistic Plasma Simulations-Optimization of a Hybrid Code. In: Proceedings of the Fourth Conference on Numerical Simulation of Plasmas[C]. Washington D.C.:Naval Research Laboratory, 1970, 3-67.

[40] Stoltz P H, Cary J R, Penn G, et al. Efficiency of a Boris like integration scheme with spatial stepping[J]. Phys. Rev. Spec. Top., Accel. Beams, 2002, 5:094001.

[41] Birdsall C K, Langdon A B. Plasma Physics via Computer Simulation, Series in Plasma Physics and Fluid Dynamics[M]. New York: Taylor and Francis, 2005.

[42] Qin H, Zhang S X, Xiao J Y, et al. Why is Boris algorithm so good?[J]. Physics of Plasmas, 2013, 20:084503.

[43] Chartier P, Hairer E, Vilmart G. A substitution law for B-series vector fields[J]. INRIA report, 2005, No. 5498.

[44] Chartier P, Hairer E, Vilmart G. Numerical integration based on modified differential equation[J]. Mathematics of Computation, 2007, 76:1941-1953.

[45] Sanz-Serna J M. Runge-Kutta schemes for Hamiltonian systems[J]. BIT, 1988, 28:877-883.

[46] Iserles A. A First Course in the Numerical Analysis of Differential Equations[M]. 2nd ed. Cambridge:Cambridge University Press, 2008.

[47] Fornberg B. A practical guide to pseudospectral methods[M]. Cambridge: Cambridge university press, 1996.

[48] Thomée V. Galerkin finite element methods for parabolic problems[M]. Berlin:Springer, 1984.

[49] Canuto C, Hussaini M Y, Quarteroni A, et al. Spectral Methods: Fundamentals in Single Domains[M]. Berlin: Springer, 2006.

[50] Canuto C, Hussaini M Y, Quarteroni A, et al. Spectral Methods: Evolution to Complex Geometries and Applications to Fluid Dynamics[M]. Berlin: Springer, 2007.

[51] Zhu W, Kopriva D A. A spectral element approximation to price European options. II. The Black-Scholes model with two underlying assets[J]. Journal of Scientific Computing, 2009, 39:323-339.

[52] Akrivis G, Dougalis V, Karakashian O. On fully discrete Galerkin methods of second-order temporal accuracy for the nonlinear Schröinger equation[J]. Numerische Mathematik, 1991, 59:31-53.

[53] Karakashian O, Akrivis G, Dougalis V. On optimal order error estimates for the nonlinear Schröinger equation[J]. Siam Journal On Numerical Analysis, 1993, 30:377-400.

[54] Ismail M S. Numerical solution of coupled nonlinear Schröinger equation by Galerkin method[J]. Mathematics And Computers In Simulation, 2008, 78:532-547.

[55] Lindquist J M, Giraldo F X, Neta B. Klein-Gordon equation with advection on unbounded domains using spectral elements and high-order nonreflecting boundary conditions[J]. Applied Mathematics And Computation, 2010, 217:2710-2723.

[56] Seriani G, Oliveira S P. Dispersion analysis of spectral element methods for elastic wave propagation[J]. Wave Motion, 2008, 45:729-744.

[57] Zampieri E, Pavarino L F. An explicit second order spectral element method for acoustic waves[J]. Advances In Computational Mathematics, 2006, 25:381-401.

[58] Komatitsch D, Tromp J. Introduction to the spectral element method for three-dimensional seismic wave propagation[J]. Geophysical Journal International, 1999, 139:806-822.

[59] Bodard N, Bouffanais R, Deville M O. Solution of moving-boundary problems by the spectral element method[J]. Applied Numerical Mathematics, 2008, 58:968-984.

[60] Patera A T. A spectral element method for fluid dynamics: laminar flow in a channel expansion[J]. Journal Of Computational Physics, 1984, 54:468-488.

[61] Korczak K Z, Patera A T. An isoparametric spectral element method for solution of the Navier-Stokes equations in complex geometry[J]. Journal Of Computational Physics, 1986, 62:361-382.

[62] Timmermans L J P, Minev P D, Vosse F N V D. An approximate projection scheme for incompressible flow using spectral elements[J]. International Journal For Numerical Methods In Fluids, 1996, 22:673-688.

[63] Belgacem F B, Bernardi C. Spectral element discretization of the Maxwell equations[J]. Mathematics of Computation, 1999.

[64] Giraldo F X. Strong and weak Lagrange-Galerkin spectral element methods for the shallow water equations[J]. Computers & Mathematics With Applications, 2003, 45:97-121.

[65] Mehdizadeh O Z, Paraschivoiu M. Investigation of a two-dimensional spectral element method for Helmholtz's equation[J]. Journal Of Computational Physics, 2003, 189:111-129.

[66] Mund E H. Spectral element solutions for the P_N neutron transport equations[J]. Computers & Fluids, 2011, 43:102-106.

[67] Zhao J M, Liu L H, Hsu P f, et al. Spectral element method for vector radiative transfer equation[J]. Journal of Quantitative Spectroscopy and Radiative Transfer, 2010, 111:433-446.

[68] Dehghan M, Sabouri M. A Legendre spectral element method on a large spatial domain to solve the predator-prey system modeling interacting populations[J]. Applied Mathematical Modelling, 2013, 37:1028-1038.

[69] Dodd R K, Eibeck J C, Gibbon J D, et al. Solitons and Nonlinear Wave Equation[M]. London: Academic Press, 1982.

[70] Hasegawa A. Optical Solitons in Fibers[M]. Berlin:Springer, 1989.

[71] Bao W, Shen J. A Fourth-order time-splitting Laguerre-Hermite pseudo-spectral method for Bose-Einstein condensates[J]. Siam Journal On Scientific Computing, 2005, 26:2010-2028.

[72] Thalhammer M. High-order exponential operator splitting methods for timedependent Schröinger equations[J]. Siam Journal On Numerical Analysis, 2008, 46:2022-2038.

[73] Sun Z, Zhao D. On the L_∞ convergence of a difference scheme for coupled nonlinear Schrödinger equations[J]. Computers & Mathematics With Applications, 2010, 59:3286-3300.

[74] Wang Y S, Li Q H, Song Y Z. Two new simple multi-symplectic schemes for the nonlinear Schrödinger equation[J]. Chinese Physics Letters, 2008, 25:1538-1540.

[75] Besse C, Bidegaray B, Descombes S. Order estimates in time of splitting methods for the nonlinear Schröinger equation[J]. Siam Journal On Numerical Analysis, 2002, 40:26-40.

[76] Li H, Wang Y. A discrete line integral method of order two for the Lorentz force system[J], Applied Mathematics and Computation, 2016, 291:207-212.

[77] Brugnano L, Iavernaro F, Trigiante D. A simple framework for the derivation and analysis of effective one-step methods for ODEs[J]. Applied Mathematics And Computation, 2012, 218:8475-8485.

[78] Li H, Wang Y, Qin M. A sixth order averaged vector field method[J]. Journal of Computational Mathematics, 2016, 34:479-498.

[79] Butcher J C. The numerical analysis of ordinary differential equations: Runge-Kutta and general linear methods[M]. New York:Wiley, 1987.

[80] Chartier P, Lapôtre E. Reversible B-series[J]. INRIA report, 1988, No. 1221.

[81] Hairer E, Wanner G. On the Butcher group and general multi-value methods[J]. Computing, 1974, 13:1-15.

[82] Luther H A. An explicit sixth-order Runge-Kutta formula[J]. Mathematics of Computation, 1968, 22:434-436.

[83] Lichtenberg A J, Liebermann M A. Regular and Chaotic Dynamics [M]. 2nd ed. New York:Springer, 1992.

[84] Li H, Wang Y. An averaged vector field Legendre spectral element method for the nonlinear Schrödinger equation[J]. International Journal of Computer Mathematics, 2017, 94:1196-1218.

[85] Shen J. A new dual-Petrov-Galerkin method for third and higher odd-order differential equations: application to the KDV equation[J]. Siam Journal On Numerical Analysis, 2003, 41:1595-1619.

[86] Shen J, Tang T. Spectral and High-order Methods with Applications[M]. BeiJing: Science Press, 2006.

[87] Zhou Y L. Applications of Discrete Functional Analysis to the Finite Difference Method[M]. Beijing:International Academic Publishers, 1990.

[88] Li H, Wang Y, Sheng Q. An energy-preserving Crank-Nicolson Galerkin method for Hamiltonian partial differential equations[J]. Numerical Methods for Partial Differential Equations, 2016, 32:1485-1504.

[89] Li H, Mu Z, Wang Y. An energy-preserving Crank-Nicolson Galerkin spectral element method for the two dimensional nonlinear Schrödinger equation[J]. Journal of Computational and Applied Mathematics, 2018, 344:245-258.

[90] Kong L, Hong J, Fu F, et al. Symplectic structure-preserving integrators for the two-dimensional Gross-Pitaevskii equation for BEC[J]. Journal Of Computational and Applied Mathematics, 2011, 235:4937-4948.

[91] Cazenave T. Semilinear Schrödinger equations[M]. Providence: AMS, 2003.

[92] Dai W. An improved compact finite difference scheme for solving an N-carrier system with Neumann boundary conditions[J]. Numerical Methods for Partial Differential Equations, 2011, 27:436-446.

[93] Xu Y, Shu C W. Local discontinuous Galerkin methods for nonlinear Schröinger equations[J]. Journal Of Computational Physics, 2005, 205:72-77.